UNDP-GEF 东亚-澳大利西亚迁飞路线中国候鸟保护网络建设项目丛书

中国湿地和迁徙水鸟保护 能力建设

雍怡　袁军 ◎ 主编

中国林業出版社
China Forestry Publishing House

图书在版编目(CIP)数据

中国湿地和迁徙水鸟保护能力建设 / 雍怡, 袁军主编. -- 北京 : 中国林业出版社, 2024. 9. -- (UNDP-GEF东亚—澳大利西亚迁飞路线中国候鸟保护网络建设项目丛书). -- ISBN 978-7-5219-2953-9

Ⅰ. Q959.708；P942.078

中国国家版本馆CIP数据核字第2024PY9883号

策划编辑：肖　静
责任编辑：张衍辉　肖　静
装帧设计：北京八度出版服务机构

———————————————

出版发行：中国林业出版社
　　（100009，北京市西城区刘海胡同 7 号，电话 83143577）
电子邮箱：cfphzbs@163.com
网址：https://www.cfph.net
印刷：河北京平诚乾印刷有限公司
版次：2024 年 9 月第 1 版
印次：2024 年 9 月第 1 次
开本：787mm×1092mm　1/16
印张：10
字数：144 千字
定价：89.00 元

《中国湿地和迁徙水鸟保护能力建设》

编辑委员会

前言

我国拥有广袤的土地和多样的湿地生态系统，承载着丰富的生物多样性，这些是维持生态平衡的宝贵财富。在这片壮丽的土地上，我们有着一个备受瞩目的使命——保护迁徙候鸟及其湿地家园。要完成这个神圣使命不是一蹴而就的，更不是凭借一己之力就可以实现的，需要良好的政策环境、强有力的技术和管理支撑、高效的沟通交流平台、各利益相关方共同的责任担当，以及广大公众和社会的积极参与。

全球环境基金（Global Environment Facility,简称GEF）于1992年正式成立，是联合国支持发展中国家履行包括《生物多样性公约》在内的国际环境公约的主要资金机制之一。2021年5月，国家林业和草原局与联合国开发计划署共同启动了“东亚－澳大利西亚迁飞路线中国候鸟保护网络建设项目”（以下简称UNDP-GEF迁飞保护网络项目），该项目是我国GEF第七增资期生物多样性领域最大的单体项目，GEF赠款1000万美元。该项目旨在建立一个强大、有韧性和管理良好的东亚－澳大利西亚候鸟迁飞通道湿地保护网络，推动候鸟及其栖息地整体保护和可持续发展，实现人与自然的和谐共生。

多年来，我国开展了大量的卓有成效的湿地和迁徙候鸟保护工作。但由于很多候鸟有大区域迁徙的习性，涉及的面广，涉及的物种多样，加之近年来气候变化与人类活动加剧，我国的保护工作面临很多问题与挑战。长期以来，我国迁徙候鸟保护工作往往聚焦在单一物种和单个关键栖息地，在整体候鸟迁飞通道和协同保护层面开展的工作相对较少，保护管理体系尚不健全，各级保护管理人员急需提升协同保护能力，推动实现候鸟迁飞通道的整体保护、质量提升和可持续发展。

UNDP-GEF迁飞保护网络项目的落地为我国湿地和迁徙候鸟保护工作提供了宝贵的机遇和资源，助力我国有效应对湿地生态系统面临的威胁，推动湿地资源的可持续保护与发展。UNDP-GEF迁飞保护网络项目自启动以来，在推动候鸟迁飞通道保护政策倡导和主流化，打造可复制推广的候鸟迁飞通道保护修复模式，提升候鸟迁飞通道保护管理能力和影响力等三个方面积极发力并取得了一定成绩。

截至目前，UNDP-GEF迁飞保护网络项目在人员能力建设方面开展的工作卓有成效，组织了覆盖所有示范省（直辖市）及示范保护地的能力建设需求调查，明确了后续培训工作的重点，开发了有针对性的能力发展计划：包括培训目标人群的确定、培训内容、形式、培训质量管理和效果评估等。在此工作基础上，该项目陆续组织了不同主题、不同形式和针对不同层面的培训和能力建设活动，总数超过40场，受训人员数量超过1600人次（其中，女性占比31%）。

为了总结该项目能力建设的工作成果，项目办组织了由能力发展专家牵头，各级项目单位和利益相关方参与的工作组，对国内外湿地和迁徙水鸟保护标准、立法过程、行业指南和案例进行分析，对项目前期开展的培训需求调查和能力发展计划进行总结提炼，编写完成了本书。希望本书的出版对我国湿地和迁徙水鸟保护的同行们在开展能力建设和组织相关培训方面提供一些有价值的参考和借鉴。

感谢在开展项目能力建设调查和需求过程中提供支持的各有关单位，包括项目示范省份（辽宁、山东、上海和云南）林草主管部门和示范保护地（辽河口国家级自然保护区、黄河三角洲国家级自然保护区、崇明东滩鸟类国家级自然保护区和大山包黑颈鹤国家级自然保护区）管理机构。感谢在本书编写过程中给予咨询和专业指导的专家和老师。

由于编者能力有限，本书可能存在不足之处，敬请读者批评指正。

编辑委员会

2024年8月

目录

下篇　能力发展计划

图目录

表目录

引言

为了在中国建立一个强大、有韧性和管理良好的东亚–澳大利西亚迁飞路线湿地保护网络，确保全球重要迁徙水鸟的安全，财政部、国家林业和草原局、联合国开发计划署于2021年1月26日正式签署联合国开发计划署–全球环境基金东亚–澳大利西亚迁飞路线中国候鸟保护网络建设项目（以下简称UNDP–GEF迁飞保护网络项目）。该项目将通过资金和技术支持，为我国湿地保护地体系规划和政策制定、湿地生态保护主流化和可持续融资、示范保护区打造、知识管理和经验分享、社区参与和性别主流化、湿地和水鸟保护意识提升等方面作出积极贡献。

为了有计划、有实效地推动项目的执行和目标的实现，项目管理办公室提出了“五个策略”的工作方向，希望通过策略的实施，实现项目成本效益和影响最大化，包括促进国家湿地领域顶层设计和主流化、切实解决示范保护区面临的问题和挑战、有效提高公众候鸟及栖息地保护意识并付诸行动，同时确保项目伙伴关系网络更加稳固并扩大、项目管理更加严谨和精细化。能力建设是项目执行的重要工作内容之一，对上述五个策略的开展，特别是如何识别和回应示范保护区优先需求提升示范作用和效果，开展多维度宣传以扩大项目影响力和覆盖面，以及强化伙伴关系网络等方面，发挥积极的作用，产生直接的贡献，并能与其他相关领域工作协同互补，推动整体项目更为高效和务实地开展。

本书是在该项目所开展的培训需求调查和能力建设计划等研究工作的基础上，总结梳理相关数据、分析相关结果，并结合成果运用的计划和反馈，所编写完成，旨在通过有针对性地开展分类调查，摸清项目执行过程中从推动整个行业的专业化发展和推动项目四个示范保护地具体工作的落地两个不同的视角，精准辨识能力建设的具体需求、内容设置、优先次序、开展方式方法以及培训后的长效管理等方面，完善UNDP-GEF迁飞保护网络项目后续能力建设工作的具体开展方案设计，并协助其他相关工作任务的推进和开展，以期为实现项目目标提供必要的数据支持、方案设计和执行建议等参考依据的同时，为湿地与迁徙水鸟保护相关的其他培训、管理等工作提供参考和借鉴。

要科学、系统、有效地开展湿地和迁徙水鸟的保护工作，能力建设是在其中发挥基础而关键性作用的任务之一。由于湿地生态系统，特别是组成迁飞保护网络的湿地生态系统及在其中栖息的水鸟种群的特殊性和复杂性，使得湿地和迁徙水鸟保护领域的能力建设工作很难直接借鉴和遵循现成的理论方法体系，必须基于项目的具体目标、对象和整体战略，在科学方法的指导下有针对性、计划性和系统性地予以开展，这也是本书开篇进行能力建设方法研究的原因和背景。

首先，自然保护理论和方法体系仍处在不断发展和完善的过程中。人类对自然资源过度利用和破坏，并引发生态退化、资源衰竭等严重甚至不可逆后果之后，人类开始反思人与自然关系，进而提出了自然保护的观点，它是以修正人类自身行为、为上述各种问题提供解决方案并预防后续问题持续发生为目的而形成的一套系统性的理论和方法。从最初的对自然资源保护的关注，到后来涵盖物种、种群和生态系统的全方位生物多样性保护理念的提出，以及从对特定时间和空间范围内的自然资源保护，到区域、国家甚至全球自然保护的全局化视角，自然保护的理念和方法得到不断地丰富和完善，并逐渐形成跨学科、跨领域的保护生物学。相对于植物学、动物学、生态学等生命科学的细分领域，保护生物学出现略晚，其理论和方法体系也仍然在不断丰富和完善的过程中，也因此对于保护地管理的指导和运用，特别是本书所重点关注的湿地和迁徙水鸟保护领域的能力建设，依然有很多有待探索和完善的问题。

其次，湿地和迁徙水鸟的能力建设的挑战之一是处理好保护和发展的平衡关系。湿地生态系统自古以来和人类关系紧密，因此对其的保护必然伴生和发展之间的相互关系。作为地球的三大生态系统之一，人类的文明因水而生，湿地一直与人类社会和文明的发展相伴相栖，是自古以来和人类关系最紧密的一类生态系统。但是湿地相对于森林和海洋，无论其概念、分类，还是结构、功能等科学知识，对公众和社会而言都略显陌生。而迁飞保护网络所覆盖的沿海、沿江、河湖区域，也都是人口密集、人类活动强度高、人与自然关系紧密，同时也对自然生态系统产生较大干扰的地区。人类与湿地关系

紧密，但公众对湿地认知不足的现实背景，也决定了湿地和迁徙水鸟保护能力建设工作的紧迫性和重要性。

第三，湿地和迁徙水鸟的保护还面临着区域性差异等挑战。迁飞保护网络覆盖范围大，横跨我国南北东西多个省（自治区、直辖市），因此沿线湿地所处的区位条件不同，其地理、水文、气候、植被等各方面自然条件都存在明显的区别，形成了显著的湿地类型和功能上的复杂性和差异性。而不同类型的湿地适宜不同的水鸟栖息，反之这些水鸟的生存和保护又对栖息地产生了不同的要求，因此对湿地保护、恢复等日常管理工作也产生了针对性和差异化的挑战。因此，湿地类型的复杂性和功能的差异性，也要求保护与管理工作必须有针对性地设计和开展。

最后，湿地和迁徙水鸟保护的工作还存在跨领域、跨学科等主题和内容上的复杂性。自然保护地的管理是个科学、社会、经济、文化多元耦合的非常复杂的问题，直接涉及生命科学、自然地理、气候水文、规划管理、监测评估、工程技术等多个科学领域，还牵涉传统文化、地方历史、社区参与、绿色发展等社会经济和文化领域的内容。因此，湿地和迁徙水鸟的保护，不能单纯局限于自然科学的相关领域，而必须拓展到从一个多学科、多领域的开放性视角进行设计和开展，特别是对于社会、经济、文化等层面的内容，要能有机地综合并融汇在保护地的管理工作中，这也是对能力建设工作设计和开展的一个新的挑战。

综上所述，对于自然保护地的管理，特别是本书特别关注的迁飞保护网络和水鸟的保护，无论从理论方法体系的完备性、保护对象的差异性和复杂性，还是工作内容的多学科、多领域性，都面临着全新的挑战。特别在讨论如何开展行业能力建设，提升从业者能力水平的问题上，尤其需要以综合性的研究为支撑、多元化的视角为切入、系统性的设计为主导，以期真正为提升保护地工作人员的专业能力和水平，从而改进和优化保护地日常管理工作发挥积极的作用。

上篇

能力建设研究

一、概述

为了解国际、国内对于保护区，特别是湿地保护区管理、技术等人员的专业能力要求，从而进一步梳理我国湿地和迁徙水鸟保护能力建设的需求，本书上篇的第二部分将对湿地和迁徙水鸟保护相关领域的政策、规章、制度、指南、导则等上位文件或既有成果，以及已经开展的各类同领域相关培训情况，进行尽可能全面的摸底调查，并根据其不同类型和内容进行分类分析，提炼其中有启发的理论、方法和思路，汲取可供参考学习的具体案例和经验，并对本书后续章节的研究和编写工作提供专业支持。

本书上篇的第二部分共搜集并分析了57份相关规章、制度、规范、指南、导则等文献资料。其中，中国湿地保护领域的相关行业规范与标准15部（具体参见表2），国家或地方性法律法规规章制度性文件30部（具体参见表3），能力建设等相关行业指南与导则12部（具体参见表4）。在这57份参考资料中，由国际性保护组织或研究机构发布的有9部，国内相关行业主管部门或机构发布的有48部。这些文献资料的发布时间主要介于2008—2024年，基本反映了行业发展的最新动态和国内外前沿趋势。

此外，本书上篇第二部分还搜集了来自12个不同机构组织开展的以湿地和迁徙水鸟为主题或主要培训内容、面向相关行业管理部门或从业人员开展的共36个专题培训方案（具体参见“培训案例分析”），并对其进行整体梳理和系统分析。通过这些培训方案的整理分析，了解这些培训在选题、内容上的整体设计理念和侧重点，比较不同培训组织主体和培训主题在内容设计、培训形式和组织方法上的共性和差异，分析行业能力建设目前的总体情况、重点内容和相对有待提高的领域和可以优化的内容，以期为中国湿地和迁徙水鸟保护能力建设的研究提供参考借鉴。

二、分析研究

（一）行业规范与标准

湿地和迁徙水鸟的保护，首先需要遵照相关行业管理的标准和要求。因此，对相关领域的行业标准的分析，可以为能力建设的设计提供专业指导，以了解行业发展对保护地管理的要求，以及对从业者所应具备的职业素养和专业能力的需求，这些都是能力建设工作设计的重要参考依据。

为贯彻落实有关政策，进一步加强湿地保护管理，推进湿地领域标准化工作，以科学的一流标准引领林草事业高质量发展和现代化建设，国家林业和草原局于2021年组织编制并发布了《湿地领域标准体系》，对我国现有湿地领域标准体系进行优化、整合，形成了包括基础通用、调查监测、评价评估、保护管理、生态修复及合理利用六大类现行标准（具体参见表1）。通过对我国湿地保护领域现行标准的类别和主要内容梳理和解读，可以了解国家和政府层面对湿地保护管理的具体要求。

表1 《湿地领域标准体系》分类

序号	类别	主要内容
1	基础通用类	主要规定湿地领域所需的基础、通用标准，包括术语、分类、编目等标准
2	调查监测类	主要规定湿地监测及泥炭地调查指标、技术要求、方法流程等，包括湿地监测及泥炭地、红树林等专项调查监测标准
3	评价评估类	主要规定湿地评价评估指标、技术要求、方法流程等，包括湿地面临的风险、退化情况等评价以及湿地自然资源资产、生态系统服务等评估标准
4	保护管理类	主要规定湿地保护管理对象、分级指标、管理措施等，包括重要湿地、湿地公园、小微湿地等保护管理标准
5	生态修复类	主要规定湿地生态修复技术要求、方法流程等，包括一般湿地及红树林等重要湿地生态修复标准
6	合理利用类	主要规定湿地水资源、动植物资源、景观资源等合理利用技术要求标准

基于上述分类，本书具体搜集和研究了中国湿地保护领域现行的相关行业规范与标准15部（截至2023年年底，具体清单参见表2），这些文献资料包括国家标准5部和行业标准10部，由国家标准化管理委员会或原国家林业局制定并发布，发布时间介于2008—2023年，基本反映了我国湿地保护行业最权威的规范标准要求。

这15部相关行业规范与标准的内容涵盖了湿地的概念与分类、编目标准、调查监测、评价评估、保护管理等，而在最新的《湿地领域标准体系》的引领和指导下，部分发布时间较久的标准正在整合修订中，而一些纳入体系的新标准也已在编或拟编，如《泥炭地调查技术规范》《重要湿地监测技术规程》《湿地生态修复技术规程》《湿地资源合理利用导则》等。

表2　湿地保护相关行业规范与标准类汇总材料清单

序号	类别	名称（编号）	发布机构	发布时间
1	基础通用	《湿地术语》（GB/T 43624-2023）	国家市场监督管理总局 / 国家标准化管理委员会	2023年
2	基础通用	《湿地分类》（GB/T 24708-2009）	中华人民共和国国家质量监督检验检疫总局 / 中国国家标准化管理委员会	2009年
3	基础通用	《湿地信息分类与代码》（LY/T 2181-2013）	国家林业局	2013年
4	调查监测	《重要湿地监测指标体系》（GB/T 27648-2011）	中华人民共和国国家质量监督检验检疫总局 / 中国国家标准化管理委员会	2011年
5	调查监测	《基于 TM 遥感影像的湿地资源监测方法》（LY/T 2021-2012）	国家林业局	2012年
6	调查监测	《红树林湿地健康评价技术规程》（LY/T 2794-2017）	国家林业局	2017年
7	评价评估	《湿地生态风险评估技术规范》（GB/T 27647-2011）	中华人民共和国国家质量监督检验检疫总局 / 中国国家标准化管理委员会	2011年

（续）

序号	类别	名称（编号）	发布机构	发布时间
8	评价评估	《湿地生态系统服务评估规范》（LY/T 2899-2017）	国家林业局	2017年
9	评价评估	《国家重要湿地确定指标》（GB/T 26535-2011）	中华人民共和国国家质量监督检验检疫总局 / 中国国家标准化管理委员会	2011年
10	保护管理	《国家湿地公园评估标准》（LY/T 1754-2008）	国家林业局	2008年
11	保护管理	《国家湿地公园建设规范》（LY/T 1755-2008）	国家林业局	2008年
12	/	《湿地生态系统定位观测指标体系》（LY/T 2090-2013）	国家林业局	2013年
13	/	《湿地生态系统定位观测技术规范》（LY/T 2898-2017）	国家林业局	2017年
14	/	《湿地生态系统定位观测研究站建设规程》（LY/T 2900-2017）	国家林业局	2017年
15	/	《湖泊湿地生态系统定位观测技术规范》（LY/T 2901-2017）	国家林业局	2017年

*表中第12～15项，在最新的《湿地领域标准体系》中没有明确的对应分类，故以“/”表示。

1. 基础通用类

基础通用类现行有效的标准包括《湿地术语》《湿地分类》和《湿地信息分类与代码》。

其中，《湿地术语》界定了湿地一般概念、湿地生物、湿地生态修复、湿地保护管理、湿地调查监测评估等方面的术语，主要适用于湿地保护、管理及相关科研、教学、生产等领域。这部标准发布于2023年，对于诸多有争议的名词（如“湿地”“湿地分级”“湿地分类”等）的定义问题有重要的指导意义。

《湿地分类》规定了湿地类型的分类系统、分类层次和技术标准，主要适用于湿地综合调查、监测、管理、评价和保护规划。这部标准发布于2009

年，其中，湿地的分类与第三次全国国土调查、《中华人民共和国湿地保护法》中的相关描述有一定差异。因此，在涉及相关概念时，可考虑参考多方资料、根据湿地保护管理的需要选择兼具权威性、时效性的资料。

《湿地信息分类与代码》规定了湿地信息分类与编码规则，适用于湿地信息采集、交换、加工、使用以及湿地信息系统建设等管理工作。

2. 调查监测类

调查监测类现行有效的标准包括《重要湿地监测指标体系》《基于TM遥感影像的湿地资源监测方法》和《红树林湿地健康评价技术规程》。

其中，《重要湿地监测指标体系》规定了重要湿地的监测指标及方法，适用于我国范围内的国家重要湿地的监测。其状态监测指标包括湿地类型、湿地面积、气象要素、水文、水质、土壤、湿地野生动物、外来物种，同时规定了影响重要湿地状态的一些调查与监测指标。

《基于TM遥感影像的湿地资源监测方法》从数据源、图像处理、影像解释、精度检验与评价和统计制图等方面规定了基于TM遥感影像的湿地资源监测方法，适用于利用美国陆地卫星（Landsat）TM遥感数据进行湿地资源监测与调查。

3. 评价评估类

评价评估类现行有效的标准包括《湿地生态风险评估技术规范》《湿地生态系统服务评估规范》和《国家重要湿地确定指标》。

其中，《湿地生态风险评估技术规范》规定了进行湿地生态风险评估所应遵循的一般原则、具体要求和评估方法，适用于在全国范围内，开展与湿地相关的开发与利用建设工程产生的湿地生态风险评估。

《湿地生态系统服务评估规范》规定了湿地生态系统服务评估的数据来源、评估流程、评估指标体系及评估方法，适用于全国范围内从事湿地保护、利用及相关管理活动的湿地生态系统服务价值评估工作。其评估指标体系由支持服务、调节服务、供给服务和文化服务4项一级指标和若干二级指标构成。

《国家重要湿地确定指标》规定了我国国家重要湿地的确定指标及其内涵

解释等内容，适用于我国范围内的国家重要湿地的指定，同时省级和地方重要湿地的确定也可以参照本指标体系适用。其具体指标内容包括：①具有某一生物地理区的自然或近自然湿地的代表性、稀有性或独特性的典型湿地；②支持着易危、濒危、极度濒危物种或者受威胁的生态群落；③支持着对维护一个特定生物地理区的生物多样性具有重要意义的植物或动物种群；④支持动植物种生命周期的某一关键阶段或在对动植物种生存不利的生态条件下为其提供庇护场所；⑤定期栖息有2万只或更多的水鸟；⑥定期栖息的某一水鸟物种或亚种的个体数量占该种群全球个体数量的1%以上；⑦栖息着本地鱼类的亚种、种或科的绝大部分，其生命周期的各个阶段、种间或种群间的关系对维护湿地效益和价值方面具有典型性，并因此有助于生物多样性保护；⑧是鱼类的一个重要食物场所，并且是该湿地内或其他地方的鱼群依赖的产卵场、育幼场或洄游路线；⑨定期栖息某一依赖湿地的非鸟类动物物种或亚种的个体数量占该种群全球个体数量的1%以上；⑩分布在河流源头区或其他重要水源地，具有重要生态学或水文学作用的湿地；⑪具有中国特有植物或动物物种分布的湿地；⑫具有显著的历史或文化意义的湿地。

4. 保护管理类

保护管理类现行有效的标准包括《国家湿地公园评估标准》和《国家湿地公园建设规范》。

其中，《国家湿地公园评估标准》规定了国家湿地公园评估的原则和方法，适用于国家湿地公园的检查和验收。其评估指标体系由湿地生态系统、湿地环境质量、湿地景观、基础设施、管理和附加分6类项目共23个因子组成。各部分的权重分值由前到后罗列的顺序从高至低。

《国家湿地公园建设规范》规定了我国国家湿地公园建设的基本原则、应具备的基本条件及其功能分区和具体建设内容方面的要求，适用于指导和规范国家湿地公园的建设工作。

这两部现行有效的标准均发布于2008年，国家湿地公园在既有规范、标准的指导下经过十余年的蓬勃发展，积累了丰富的经验和成果。同时，我国的自然保护地事业也在不断地向前发展。2019年6月，中共中央办公厅、国务院办公厅印发了《关于建立以国家公园为主体的自然保护地体系的指导意见》，明确我国将建立以国家公园为主体的自然保护地体系，将自然保护地按生态价值和保护强度高低科学划分为3类：国家公园、自然保护区和自然公园。湿地公园被归入自然公园类型的自然保护地。2023年10月9日，国家林业和草原局发布了《国家级自然公园管理办法（试行）》，明确国家湿地公园作为国家级自然公园，对其建设和管理作出了相应要求。

（二）法律法规制度

1. 湿地立法概貌

为进一步分析我国从制度规章角度对湿地保护相关领域工作开展的规范制度要求，本书搜集并整理了我国现有国家或地方性湿地保护相关法律法规规章制度性文件30部（具体清单参见表3），其中，国家层面立法1部，省、自治区、直辖市层面的湿地保护条例和办法29部。这些文献资料的发布时间主要介于2003—2023年，相当一部分资料根据湿地保护和管理的实际要求进行过修订，基本反映了我国湿地保护和管理的制度发展历程和全貌。

表3　湿地保护相关法律法规制度汇总清单

序号	名称	发布机构	发布时间	生效时间	修改时间
1	《中华人民共和国湿地保护法》	全国人民代表大会常务委员会	2021年	2022年	/
2	《黑龙江省湿地保护条例》	黑龙江省人民代表大会常务委员会	2003年	2003年	2015年、2018年
3	《甘肃省湿地保护条例》	甘肃省人民代表大会常务委员会	2003年	2004年	2013年
4	《湖南省湿地保护条例》	湖南省人民代表大会常务委员会	2005年	2005年	2020年、2021年
5	《广东省湿地保护条例》	广东省人民代表大会常务委员会	2006年	2006年	2014年、2018年、2020年、2022年

（续）

序号	名称	发布机构	发布时间	生效时间	修改时间
6	《陕西省湿地保护条例》	陕西省人民代表大会常务委员会	2006年	2006年	2023年
7	《辽宁省湿地保护条例》	辽宁省人民代表大会常务委员会	2007年	2007年	2011年
8	《内蒙古湿地保护条例》	内蒙古自治区人民代表大会常务委员会	2007年	2007年	2018年
9	《宁夏湿地保护条例》	宁夏回族自治区人民代表大会常务委员会	2008年	2008年	2018年
10	《四川省湿地保护条例》	四川省人民代表大会常务委员会	2010年	2010年	/
11	《吉林省湿地保护条例》	吉林省人民代表大会常务委员会	2010年	2011年	2017年
12	《西藏自治区湿地保护条例》	西藏自治区人民代表大会常务委员会	2010年	2011年	/
13	《江西省湿地保护条例》	江西省人民代表大会常务委员会	2012年	2012年	/
14	《浙江省湿地管理条例》	浙江省人民代表大会常务委员会	2012年	2012年	/
15	《新疆维吾尔自治区湿地保护条例》	新疆维吾尔自治区人民代表大会常务委员会	2012年	2012年	2020年
16	《北京市湿地保护条例》	北京市人民代表大会常务委员会	2012年	2013年	2019年
17	《山东省湿地保护办法》	山东省人民政府	2012年	2013年	/
18	《青海省湿地保护条例》	青海省人民代表大会常务委员会	2013年	2013年	2018年、2020年
19	《云南省湿地保护条例》	云南省人民代表大会常务委员会	2013年	2014年	/
20	《广西壮族自治区湿地保护条例》	广西壮族自治区人民代表大会常务委员会	2014年	2015年	/
21	《河南省湿地保护条例》	河南省人民代表大会常务委员会	2015年	2015年	/

（续）

序号	名称	发布机构	发布时间	生效时间	修改时间
22	《安徽省湿地保护条例》	安徽省人民代表大会常务委员会	2015年	2016年	2018年
23	《贵州省湿地保护条例》	贵州省人民代表大会常务委员会	2015年	2016年	2023年
24	《天津市湿地保护条例》	天津市人民代表大会常务委员会	2016年	2016年	2020年、2023年
25	《河北省湿地管理条例》	河北省人民代表大会常务委员会	2016年	2017年	/
26	《江苏省湿地保护条例》	江苏省人民代表大会常务委员会	2016年	2017年	2024年
27	《福建省湿地保护条例》	福建省人民代表大会常务委员会	2016年	2017年	2022年
28	《海南省湿地保护条例》	海南省人民代表大会常务委员会	2018年	2018年	2023年
29	《重庆市湿地保护条例》	重庆市人民代表大会常务委员会	2019年	2019	/
30	《山西省湿地保护条例》	山西省人民代表大会常务委员会	2023年	2023年	/

注：《中华人民共和国湿地保护法》是由拥有国家立法权的全国人民代表大会和全国人民代表大会常务委员会通过后，由国家主席签署主席令予以公布的法律；各省级单位发布的“湿地保护条例”属于地方性法规，由省、自治区、直辖市以及较大的市（如省会）的人民代表大会及其常务委员会制定，并由大会主席团或常务委员会发布公告予以公布；各省级单位发布的“湿地保护办法”属于地方政府规章，由省、自治区、直辖市人民政府以及较大的市（如省会）的人民政府，在它们的职权范围内，依据法律、法规制定。从效力上看，法律的效力高于地方性法规、规章。

2. 地方湿地立法回顾

我国湿地保护和管理的立法经历了从地方层面向国家层面逐步推进的历程。在《中华人民共和国湿地保护法》正式发布并施行之前，我国各省（自治区、直辖市）以“湿地保护条例”为代表的地方性湿地保护规章制度的建立为国家层面的立法奠定了非常重要的理论、方法和制度基础。2003年出台的《黑龙江省湿地保护条例》是我国首部省级湿地保护条例，它不仅推动了黑龙江省的湿地管理工作步入法制化阶段，解决了当时黑龙江省出现的一些复杂的湿地保护问题，也为其他省（自治区、直辖市）陆续形成各自的地方性湿地保护管理规章制度提供了借鉴。紧随其后，甘肃省同年审议通过并发布了《甘肃省湿地保护条例》。接下来，湖南、广东、陕西等省级行政单位陆续发布了本省“湿地保护条例”。截至2024年1月，我国共有29个省、自治区、直辖市正式发布了省级湿地保护条例或办法等法规、规章，建立了一系列湿地保护制度措施，基本形成了全国范围湿地保护和管理的规范制度体系，为湿地的保护与管理提供了法律依据与保障。

早期的地方性湿地保护法规主要注重对湿地进行全面保护，如《黑龙江省湿地保护条例》主要包括总则、湿地管理、湿地利用、湿地自然保护区、法律责任和附则六大内容，之后随着湿地保护工作的不断深入推进，对其工作目标、内容的理解不断深入，后续发布的地方湿地保护条例基本上延续了此结构，并逐步增加“规划和名录”“湿地保护”“监督管理”等内容。

目前看来，各省湿地保护条例的内容主要包括总则、规划和建设、保护和恢复、监督和管理、合理利用、法律责任、附则等部分，具体内容因各省级行政单位及湿地保护的具体目标要求而有所差异。为了便于对各省级单位湿地保护条例或办法的内容进行对比分析，本文以湿地保护与管理工作相关的十个方面为基础，对29部目前正在实施的湿地保护条例的主要内容差异进行比较分析（见图1）。

同时，对于具有重要或特殊湿地资源的情况，一般都有保护和管理类具体的条目内容予以体现，这也对相关湿地管理与技术人员提出了有针对性的从业能力要求。如江西省针对鄱阳湖湿地的保护、河南省针对黄河流域湿地的保护、广东省针对红树林湿地的保护等，均单独列出相关章节作出特别规定。宣传教育虽然在大部分条例中有提及，但是对其内容、形式、开展方式等表述仍有必要进行补充和完善。相对而言、湿地保护和管理的国际交流、社区参与等内容相对提及较少，重视程度亟待提高。

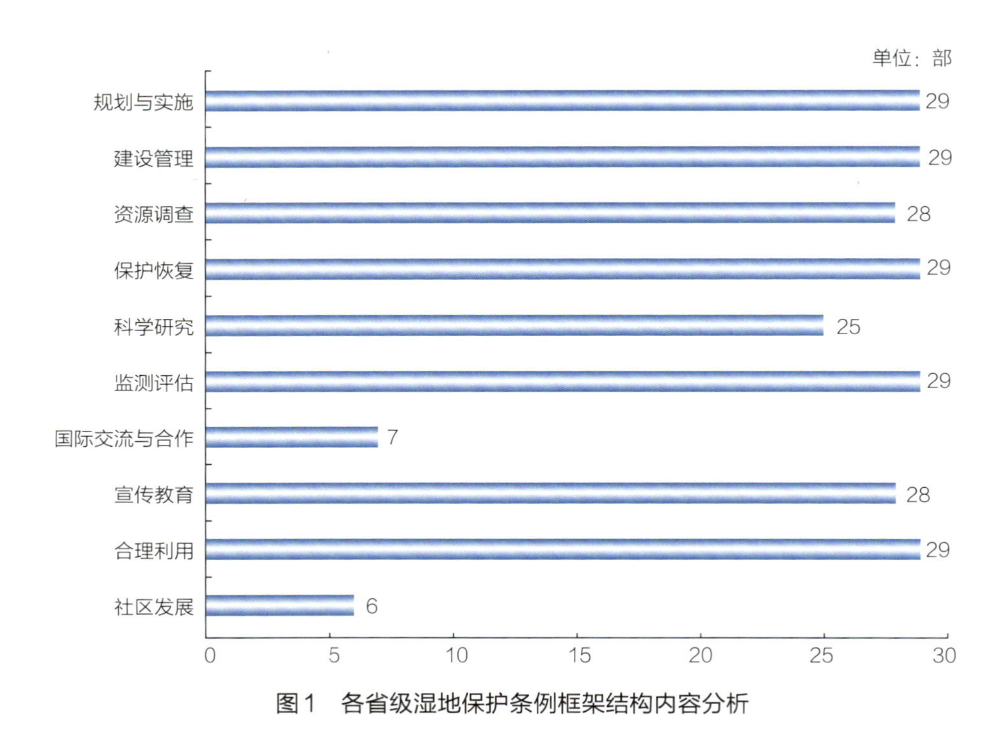

图1　各省级湿地保护条例框架结构内容分析

3. 国家立法的过程与特点

我国国家层面湿地保护和管理立法工作的准备和研究最早可追溯到2004年。国家层面湿地立法的提案从2004—2016年，曾3次被提议列入国务院的立法规划，但都由于存在较多争议，没有最终实现。直至2018年9月十三届全国人大正式将湿地保护法列入了《十三届全国人大常委会立法规划》三类立法项目。2018年12月13日，全国人民代表大会环境与资源保护委员会（简称“全国人大环资委”）正式发函委托国家林业和草原局起草《中华人民共和国湿地保护法（建议稿）》。2019年7月，国家林业和草原局将建议稿上报全国人大环资委，随后进行了多轮讨论和修改。2021年1月20日，立法草案提请十三届全国人大常委会第二十五次会议初审。2021年1月27日至2月25日，《中华人民共和国湿地保护法（草案）》在全国人大网公布，向社会征求意见。常委会高度重视，一年时间里连续进行3次审议，当年12月24日，《中华人民共和国湿地保护法》（以下简称《湿地法》）经第十三届全国人民代表大会常务委员会第三十二次会议审议并表决通过，并由第102号主席令颁布，自2022年6月1号起实施。这是一个非常高效的立法过程，也是我国湿地保护和管理事业全面进入法制化、系统化、规范化的重要标志。

《湿地法》与已有的自然资源法相比较，有几个比较显著的特点：首先，对长期以来未有定论的湿地定义和保护范围根据中国的实情进行了更加科学、权威的阐释，其中体现了湿地的多重自然属性，既满足湿地保护和管理的现实需要，也兼顾了国际履约的要求，同时明确了对湿地实行分级管理，按照生态区位、面积以及维护生态功能、生物多样性的重要程度，将湿地分为重要湿地和一般湿地。其次，严格保护湿地资源，并且强调从生态系统角度开展湿地保护。与《中华人民共和国森林法》《中华人民共和国草原法》等已经施行的单一自然资源法相比较，《湿地法》更加注重对湿地生态系统整体性的保护和修复。《湿地法》明确了国家严格控制占用湿地，明文禁止破坏湿地的具体行为，并对建设项目涉及湿地的情况，给予了依法处理的明确要求。再次，立法的制度设计系统全面，包括设置了部门协作机制、总量控制制度、调查评价制度、修复制度、约谈制度等，形成了湿地生态系统保护和修复制度的统一有机整体，对湿地保护和管理工作的开展提供了全面有效的指导和制度保障。《湿地法》对湿地修复提出了新的要求，特别对红树林湿地、泥炭沼泽湿地等具有特殊保护意义的湿地类型的保护和修复，进行了明确要求说明。

最后，《湿地法》还明确了湿地保护监督管理责任的落实，并加强了违法行为和事件的处罚力度。《湿地法》要求县级以上人民政府各有关部门依法履行监督检查职责。国家实行湿地保护目标责任制，将湿地保护纳入地方人民政府综合绩效评价和领导干部自然资源资产离任审计。赋予县级以上林业和草原等有关主管部门湿地保护执法权，明确了违法主体破坏湿地的法律责任。在设置处罚标准时，不仅充分考量了湿地资源的实物价值，也更加注重湿地生态系统的生态价值，从而强调了全方位理解和保护湿地生态系统及其价值的重要性。法条的处罚标准更加严厉，如对擅自占用国家重要湿地、严重破坏自然湿地等违法行为处以每平方米1000元以上10000元以下罚款。

4.《湿地法》颁布后的地方立法修订和响应

2022年《湿地法》正式施行后，山西省随即推动了省级湿地保护立法的工作。《山西省湿地保护条例》于2023年4月1日经山西省第十四届人民代表大会常务委员会第二次会议审议通过，自2023年6月1日起施行，成为全国第29个颁布省级湿地保护条例的省。为了确保湿地保护有法可依，继《山西省湿地保护条例》出台后，山西省即时启动了《山西省湿地保护发展规划》和《省级自然公园管理办法》的制定工作，同时积极推动重要湿地的认定发布，以及山西省湿地分级管理体系的稳步建立。

随着我国湿地保护和管理工作的不断推进和对湿地的认识不断深入，18个省（自治区、直辖市）都对辖区的湿地保护条例进行了修订，其中，广东省先后修订了4次，黑龙江、湖南、青海、天津均进行了2次修订。特别是，2022年6月《湿地法》正式施行后，多个省（自治区、直辖市）的地方性法律法规遵循与上位法和相关政策最新要求相一致的原则，对原有内容进行了必要的修改和补充完善。

- 《福建省湿地保护条例》修订版于2022年11月24日经福建省第十三届人民代表大会常务委员会第三十六次会议通过，自2023年1月1日起施行。福建省的法规修订从明确政府职责、建立协调机制、明确部门及乡镇职责三方面进一步阐明了湿地保护的职责分工；在《湿地法》原则性规定基础上，对总量管控和责任审计考核进行细化规定。对于湿地占用问题，明确了禁止占用的范围，并强调对占用行为遵照上位法规定执行。该条例还根据福建省省情，加强了红树林的保护、恢复、科研、国家重要湿地认定等方面的内容。
- 《广东省湿地保护条例》修订版于2022年11月30日经广东省第十三届人民代表大会常务委员会第四十七次会议审议通过并公布，于公布之日起施行。该条例的修订内容较多，其中，细化了湿地保护规划编制必须与生态环境保护、林地保护利用、海岸带综合保护与利用等相关规划相衔接。同时，为落实占补平衡制度和湿地恢复费制度，该条例还规定了经依法批准占用情况的恢复重建或补偿措施要求。结合广东省实际，该条例还强化了红树林湿地保护相关的禁止性行为，以及优先修复的区域范围等内容。

- 《陕西省湿地保护条例》修订版于2023年3月28日经陕西省第十四届人民代表大会常务委员会第二次会议通过，自2023年6月1日起施行。陕西省的法规修订明确了省人民政府及其有关部门、县级以上文化旅游行政主管部门和省、设区的市人民政府在湿地资源保护、湿地保护管理体系建立、预防和控制可能对湿地生态系统产生不良影响的活动，以及组织实施生态环境损害赔偿制度等方面各级政府和部门的职责。
- 《海南省湿地保护条例》修订版于2023年11月24日经海南省第七届人民代表大会常务委员会第七次会议审议通过，自2024年1月1日起施行。海南省的法规修订坚持问题导向，删除上位法已作出明确规定的重复性内容，并从明确湿地保护管理体制、加强湿地资源基础管理、实行湿地面积总量管控、完善湿地分级分类管理制度，以及加强湿地生态和碳汇功能保护、利用和修复等方面对条例内容进行修改完善，同时结合本省实际，增加细化规定，使之更具针对性和可操作性，体现地方立法特色。
- 《贵州省湿地保护条例》修订版于2023年11月29日贵州省第十四届人民代表大会常务委员会第六次会议审议通过后发布，自2024年1月1日起施行。贵州省法规修订的重点体现在对与上位法内容不相适应的部分进行调整：一是新增第二十条内容，对破坏湿地及其生态功能的行为进行明确禁止；二是因涉及行政处罚额度较上位法偏低，删除第三十三条，遵循上位法相应条款执行；三是对原条例中湿地定义、湿地保护原则等9条内容进行修改，确保与上位法要求一致。
- 《江苏省湿地保护条例》修订版于2024年1月12日经江苏省第十四届人民代表大会常务委员会第七次会议修订通过，自2024年5月1日起施行。江苏省的法规修订主要体现在四个方面。一是衔接上位法，加强湿地资源管理。落实湿地面积总量管控，明确湿地分级管理，严格湿地占用管理。二是突出江苏省滨海潮间带滩涂湿地的资源特色，推动湿地保护利用。三是分区分类施策，科学指导湿地修复。四是加强保护监管，推动湿地制度落地。

（三）行业指南与导则

为进一步分析国内外相关部门机构对湿地和水鸟保护领域工作开展的方法和从业人员能力的具体要求，本书搜集并整理了行业能力建设等相关行业指南与导则12部（具体清单参见表4），其中，由国际性保护组织或研究机构发布的9部，国内相关研究机构或行业专业协会发布的3部。这些文献资料的发布时间主要介于2009—2023年，基本反映了行业发展的最新动态和国内外前沿理解和主流要求。本书将选取其中较有代表性和影响力以及对本书主题有参考价值的几个方案进行梳理分析。

表4　湿地保护相关行业指南、导则汇总清单

序号	指南或导则名称	发布机构	发布时间
1	《自然保护地员工培训：规划与管理指南》（*Protected area staff training : guidelines for planning and management*）	世界自然保护联盟（IUCN）	2011年
2	《全球自然保护地从业者能力清单》（*A global register of competences for protected area practitioners*）	世界自然保护联盟	2016年
3	《湿地和迁徙水鸟保护与合理利用培训工具包》（*The flyway approach to the conservation and wise use of waterbirds and wetlands: a training kit*）	全球环境基金（GEF）/联合国环境署（UNEP）/湿地国际（WI）	2009年
4	《国际重要湿地管理计划指南》	国家林业局	2010年
5	《国际重要湿地指定与管理从业者指南》	湿地公约东亚区域中心	2017年
6	《国际重要湿地管理有效性跟踪评估工具》（中文版）	世界自然基金会（WWF）/《国际湿地公约》	2020年
7	《“提升我们的遗产”工具包2.0》（*Enhancing Our Heritage Toolkit 2.0, EoH 2.0*）	联合国教科文组织（UNESCO）/国际文化财产保护与修复研究中心（ICCROM）/国际古迹遗址理事会（ICOMOS）/世界保护自然联盟	2023年
8	《湿地生态系统服务快速评估指导手册》	世界自然基金会/《湿地公约》东亚区域中心	2020年

（续）

序号	指南或导则名称	发布机构	发布时间
9	《鸻鹬类滨海高潮位歇息地管理指南》	澳大利西亚涉禽研究组（AWSG）/ 世界自然基金会	2021年
10	《中国湿地保护与管理培训教材》	中国科学院地理科学与资源研究所	2017年
11	《自然保护地及周边友好发展操作指南》	世界自然保护联盟	2018年
12	《湿地类自然教育基地建设导则》	中国林学会	2021年

1. 自然保护地员工培训：规划与管理指南[①]

《自然保护地员工培训：规划和管理指南》是由世界自然保护联盟（IUCN）于2011年发布的用于指导各类自然保护地如何设计和开展员工培训的一份指南（见图2）。这份指南是由俄罗斯非营利组织“Zapovedniks”及其

图2　IUCN发布的《自然保护地员工培训：规划与管理指南》（2011）

① 资料来源：https://portals.iucn.org/library/sites/library/files/documents/PAG-017.pdf。

合作伙伴于2005—2008年实施的全球环境基金-世界自然保护联盟（GEF-IUCN）“加强欧亚北部保护区管理人员培训中心网络”（Strengthening the Network of Training Centres for PA managers of Northern Eurasia，SNTC）项目期间总结形成的项目成果之一。该指南发布以后被全球各地自然保护地和培训中心所参考借鉴，对推动全球自然保护地员工培训工作的标准化、专业化和规范化发展发挥了积极的作用。

该指南主要面向各类自然保护地为员工开展能力建设的自然保护地管理者或相关培训机构，通过总结项目各培训中心的经验和最佳实践案例，提供从培训设计、组织到评估全过程的指导。

具体而言，编写本指南的主要目标包括：①梳理自然保护地开展培训需求评估的基本原则和组织能力建设的优先议题；②收集并分析世界各地自然保护地培训中心的信息和案例，并分析其运营和网络化的不同模型；③提出使用创新方法为自然保护地员工设计和开展培训课程的步骤方法；④提出开展自然保护地员工培训的监测和评估系统方法，并探讨自然保护地培训中心的培训认证程序；⑤总结开展有效自然保护地员工培训研讨的优选案例。

本指南对我们设计和开展湿地保护领域的能力建设工作，在以下几个方面均具有借鉴价值。

- 培训组织的标准流程

该指南对组织自然保护地员工培训的具体流程提出了包括分析培训需求、培训资源准备、培训流程设计、培训组织开展、培训评估和培训方案优化在内的完整的6步标准技术路线（见图3）。

一般的培训组织者常常只关注培训组织开展的具体过程，而忽略了培训设计之前的培训需求调查和分析工作，以及培训结束后基于评估结果的方案优化提升的重要性。前者有助于我们更有针对性地设计培训方案，选择有代表性的培训内容和案例，从而大大提升培训的有效性，而后者能帮助我们从培训的组织者、参与者、观察者等不同视角评估培训的执行情况和效果，从而通过实践不断地优化培训方案，使后续的培训或其他类似的培训可以参考

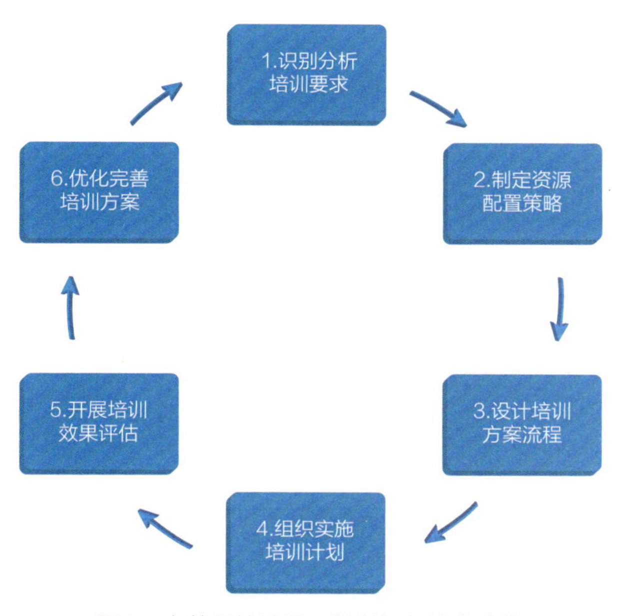

图3　自然保护地员工培训组织技术路线

借鉴，效果得到提升。该指南特别提出要把培训需求分析和培训方案优化变成所有培训中心或自然保护地管理者在开展培训项目的基础性工作和必备环节，成为规范技术路线和工作流程的标准化内容。

在开展培训需求分析时，该指南推荐了“知识－技能－态度”培训需求金字塔（Knowledge-Skills-Attitude，KSA模型）的工具方法，即在调查的设计中，要重点关注培训要解决的三个问题：培训的主题和对应的知识体系、通过设计交互式的“做中学”的培训课程来赋予参与者相关技能，以及如何影响参与者改变他们的态度。这些问题，在开展培训效果评估的过程中，应该得到回顾和评价，从而了解培训的需求是否满足，预期目标是否实现。需求分析和效果评估的工作都可以通过调研问卷、访谈、相关人员复盘会议等形式独立开展，或多种评估手段结合的方式来完成。

- 培训设计的推荐内容

该指南还通过调查和分析全球各地各类自然保护地培训中心的培训项目，总结了基于自然保护地员工所需的基本职业能力而总结得出的在设计培训活动时所推荐的主要内容，具体参见表5。

表5 《自然保护地员工培训：规划和管理指南》推荐的培训内容

类别	具体培训内容
自然保护地管理	包括保护地总体规划和专项规划内容，跨部门、机构合作方式，多元利益相关方参与式管理、社区关系、冲突管理等内容
部门设置和管理	包括自然保护地的管理计划制订、部门设置和管理、财务管理、法务管理、自然保护地管理效果的监测和评估等
科研监测	包括创新性的基础数据收集和分析技术方法、生态监测和数据分析，基于保护地的深入科学研究项目合作、科研结果在保护区管理中的实践运用等
社区参与和替代生计	包括评估保护地管理对当地社区社会经济的影响及补偿或优化机制、替代生计、小额信贷等可能路径和案例、社区参与机制、传统文化保护和恢复等
巡护员技能培训	包括巡护和执法规范和方法、冲突的预防和管理、野外应急技能、环境解说、巡护员工作评估方法等
环境教育和公众传播	包括公众传播和环境教育活动的设计和组织、宣传教育材料设计、学校教育、媒体合作、访客中心和展陈设计、自然步道等基础设施、志愿者管理等
生态旅游管理	包括生态旅游的基本原则，受众和特点，产品的设计和管理，具体策略和方法，与基础设施设计、教育活动等内容的结合，宣传和推广，社会多元参与等
自然保护地的融资机制	包括政府项目、基金会项目、生态补偿资金、特许经营费用、环境服务付费制度、社会筹资等
财务管理	包括保护地的财务管理制度、与主管部门或项目资助方之间的财务报告和管理制度、审计制度等
文化与遗产管理	包括当地文化遗产的调查，评估和保护计划制订，面向社会的宣传、展览等活动组织，社区参与的遗产保护计划等

2.《全球自然保护地从业者能力清单》[1]

《全球自然保护地从业者能力清单》是由世界自然保护联盟于2016年发布的全面梳理和阐释世界各地各类自然保护地的工作人员所应具备的职业素养和从业能力的一份管理指南（见图4），从技能、知识和个人素养3个方面进行梳理，具体划分出规划、管理和行政，保护地应用管理，以及一般个人能力三大方面的职业素养和从业能力要求，从而期望对有效、高效和公平管理各

① 资料来源：https://portals.iucn.org/library/sites/library/files/documents/PATRS-002.pdf。

A Global Register of Competences for Protected Area Practitioners

A comprehensive directory of and user guide to the skills, knowledge and personal qualities required by managers, staff and stewards of protected and other conserved areas

Compiled by Mike Appleton

Developing capacity for a protected planet

Protected Area Technical Report Series No. 2

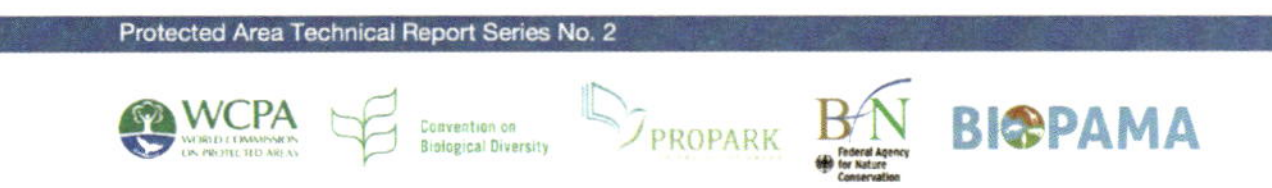

图4　IUCN发布的《全球自然保护地从业者能力清单》(2016)

类自然保护地所需具备的所有能力进行定义和分类，进而通过系统化和制度化的管理，促进各类保护区管理者和工作人员对员工或自身的专业能力进行评估和认证，从而通过提升保护地员工的个人能力和组织效率，促进保护地有效管理目标的达成。对于任何对自然保护地工作感兴趣的人员，无论是直接的从业者、管理者、合作者，还是有意参与并为自然保护地事业提供帮助的人，这份指南都有非常全面且具有实践意义的指导价值。

这份管理指南的制定背景，可追溯到2003年第五届IUCN世界公园大会。当时，会议建议IUCN的自然保护地委员会（WCPA）应该基于2个原则推动形成自然保护地从业者的通用能力标准：一是约定适用于全球范围内自然保护地工作人员的通用能力标准，并且这些标准可以根据现实差异进行适当调整，以适应地方、区域、国家等不同层面的自然保护地工作要求；二是要积极鼓励和支持世界各地的自然保护地使用这套能力清单标准，并开展自我评估，从而为提升自然保护地工作人员和培训的有效性提供支持。此后，IUCN自然保护地委员会启动了该能力清单的编制，初稿在2014年于悉尼举办的IUCN世界公园大会上正式提交，并在大会发布的《悉尼承诺》中予以明确。

这套适用于全球自然保护地从业者的能力标准，定义了在世界各地自然保护地工作的人们所需的从业知识、技能和态度，并强调要遵循从“知道”到“做到”的从业能力培育过程（见图5）。这些从业能力类型的梳理基于现代自然保护地管理工作的三大类别的15个具体能力要求，以及从业人员从高级管理者到一线工作人员的4个不同职务级别，分别列举了最基本和常规需要的300项从业能力。在具体使用过程中，这些标准可以根据本国、本地区或自然保护地具体的管理制度和职级设定的差异性进行相应调整。

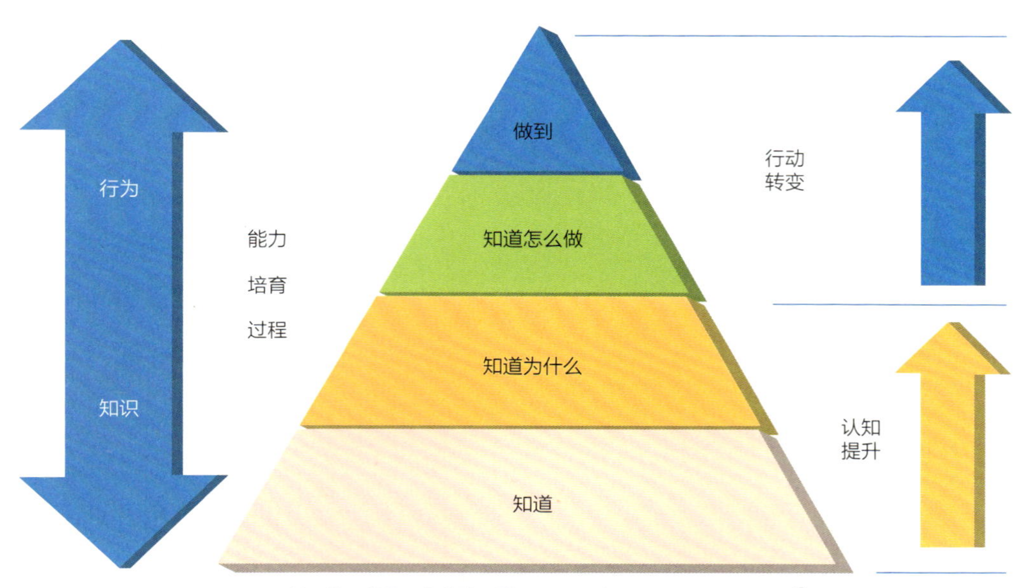

图5　从“知道”到“做到”的从业能力培育过程模型[①]

① 资料来源：https://portals.iucn.org/library/sites/library/files/documents/PATRS-002.pdf。

具体而言，这套从业者能力清单中列明的三大类从业能力及其包含的15个具体能力要求（见图6）分别为：

A.规划、管理和行政方面的能力，包括政策和规划、组织领导力、人力资源管理、财务和运营管理等6个分类。

B.保护地应用管理方面的能力，包括生物多样性保护、执行法律法规、公众意识和环境教育等7个分类。

C.一般个人能力，包括基础个人能力，即完成日常工作所需要的基本功能力，如阅读、计算、表达、文书等，以及进阶个人能力，指负责领导、监督、决策的从业者所需要具备的更为复杂的技能属性。

清单中所列举的4个从业人员的职级分别为：

L4行政主管（executive），如相关行业主管部门或机构的负责人。

L3高级管理层（senior manager），如地方政府部门或行政机构负责人、自然保护地管理部门负责人、自然保护机构或社会组织的保护地项目负责人。

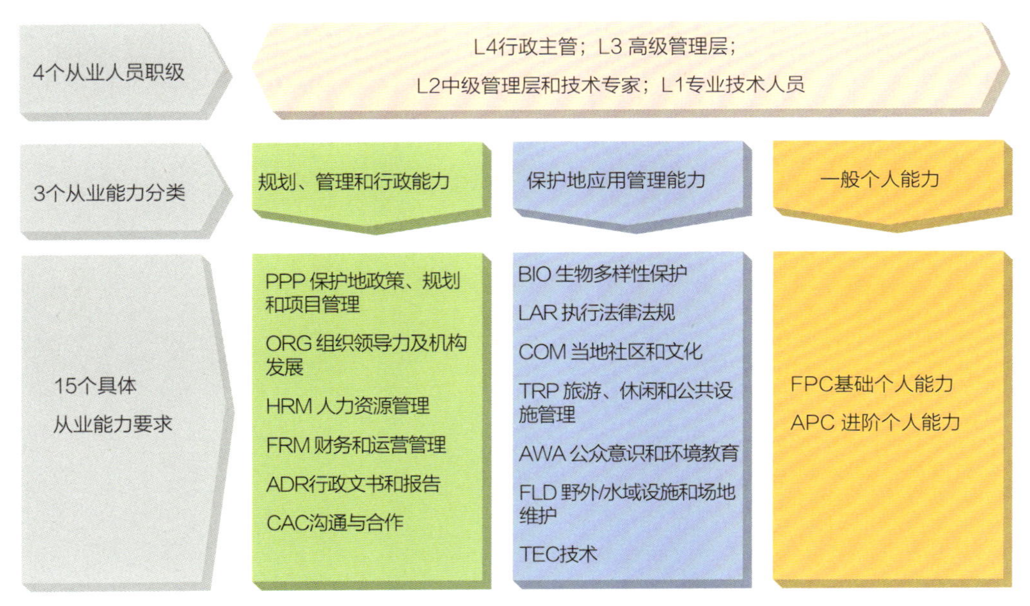

图6 《全球自然保护地从业者能力清单》中列举的职级和能力分类

L2 中级管理层和技术专家（middle manager/technical specialist），如相关政府部门或行政机构的自然保护地巡护、执法、科研、社区共管、宣传教育、生态旅游等相关部门项目的负责人、项目顾问、技术指导或观察员、自然保护机构或社会组织的保护地项目执行人员等。

L1 专业技术人员（skilled worker），如巡护员、护林员、社区管理人员、科研监测信息收集人员、讲解员、宣传人员、行政人员、财务人员、网站技术人员、为保护地长期服务的资深志愿者等。

清单中对各不同职级自然保护地从业人员所需的共300项从业能力进行了具体归类（见表6），并对保护地管理相关部门中不同职级的职务类型进行了举例说明（见表7）。

表6 《全球自然保护地从业者能力清单》分类

能力类别		不同职级所需能力统计				
		L4	L3	L2	L1	小计
A. 规划、管理和行政能力	PPP 保护地政策、规划和项目管理	16	10	–	–	26
	ORG 组织领导力及机构发展	7	10	–	–	17
	HRM 人力资源管理	4	5	5	2	16
	FRM 财务和运营管理	4	7	7	2	20
	ADR 行政文书和报告	3	4	4	2	13
	CAC 沟通与合作	4	3	8	3	18
	合计	38	39	24	9	110
B. 保护地应用管理能力	BIO 生物多样性保护	7	12	11	6	36
	LAR 执行法律法规	5	6	11	11	33
	COM 当地社区和文化	5	8	7	2	22
	TRP 旅游、休闲和公共设施管理	4	7	8	5	24
	AWA 公众意识和环境教育	4	7	8	2	21
	FLD 野外/水域设施和场地维护	–	–	6	17	23
	TEC 技术	–	–	6	3	9
	合计	25	40	57	46	168

（续）

能力类别		不同职级所需能力统计				
		L4	L3	L2	L1	小计
C. 一般个人能力	FPC 基础个人能力	12				12
	APC 进阶个人能力	10				10
	合计	22				22
总计						300

根据使用者的需求，该能力清单可以用于促进保护区管理专业化及提高保护区组织和人员绩效，具体应用包括但不限于：

- 制定国家层面的从业标准和要求；
- 确定具体职位的职责描述；
- 设计和优化机构的人员架构；
- 支持人员招聘工作；
- 评估目前的能力状况，并确立能力建设的优先项目；
- 确定实施管理计划和项目的能力发展需要；
- 培训课程及方案设计；
- 能力评估和认证；
- 制订机构内部能力发展战略和计划；
- 确保能力建设相关的资金投入能反映当地的优先需求和紧迫问题；
- 拓展能力发展和自然保护地的相关工作；
- 组织信息；
- 为关于自然保护地和发展相关问题的讨论提供支持证据；
- 从清单中获得对工作的相关想法和指导建议；
- 为其他类型保护地和保护支持工具提供参考借鉴。

表7　保护地从业者的不同职级和职务

职级	类型	工作范围与职责	自然保护地相关部门的职务类型			
			国家或地方保护区机构	其他地方政府机构	社会组织或机构	私营企业或咨询公司
L4	行政主管	·领导和管理大型组织机构 ·国家或区域政策制定、数据收集和战略规划 ·跨部门协调工作 ·领导管理复杂的项目和计划	·国家级保护区行业管理机构的负责人 ·负责所在行政区域保护区行业管理的部长级行政人员 ·国家或地方权威规划专家（土地利用、资源利用、发展）	·国家和高级区域规划师 ·负责保护区的自然资源管理机构（如林业机构）的高级管理人员	·以保护区为核心业务的主要国家或国际非政府组织的高级行政人员 ·社区或在地群体中的“领袖”（权威领导者）	·资源和土地管理公司高级管理人员 ·私有保护区的高级管理人员 ·旅游服务公司高级管理人员 ·高级“保护区专业人员”
L3	高级管理层	·领导和管理中等规模组织机构 ·在战略框架内规划和管理项目与计划 ·开展并领导复杂的技术性管理计划（根据技术专长）	·保护区负责人或副负责人 ·公园总负责人 ·高级助理管理和行政团队成员	·负责保护区的当地政府官员 ·当地规划师 ·负责保护区的自然资源管理机构（如林业机构）的当地官员	·非政府组织或其他民间社会组织的保护区项目负责人 ·当地非政府组织的负责人 ·当地社会组织的负责人	·私有保护区的负责人 ·资源管理公司项目现场负责人 ·保护区访客服务公司负责人 ·高级顾问或技术顾问
L2	中级管理层和技术专家	·管理、组织和领导技术部门和团队实施计划和项目 ·完成具体和复杂的技术任务（根据技术专长）	·巡护队长 ·科长 ·科研干事 ·旅游局官员 ·社区外联官员 ·教育和解说员 ·行政官员 ·审计员	·地方政府现场工作人员 ·当地环境监察部门工作人员 ·地方官员（如林业）	·来自当地社区或在地群体的资源所有者、监管者或服务提供者 ·非政府组织项目现场工作人员	·顾问或技术顾问 ·提供保护区相关服务的当地企业人员
L1	专业技术人员	·在指导和监督下完成具体，有时甚至是复杂的任务和工作	·巡护员 ·护林员 ·社区护林员 ·行政助理 ·会计助理或记账员 ·初级技术人员	·现场工作人员 ·资源管理人员（林业、渔业）	·现场工作人员 ·当地向导 ·社区管理员 ·社区资源使用者（渔民、农民、猎人、采集者） ·有经验的志愿者	·当地企业的现场工作人员 ·个人向导

3.《湿地和迁徙水鸟保护与合理利用培训工具包》

《湿地和迁徙水鸟保护与合理利用培训工具包》是由湿地国际（Wetland International，WI）和国际鸟盟（Birdlife International，BI）在联合执行由全球环境基金（GEF）和联合国环境署（UNEP）支持的“湿地之翼”（Wings over Wetlands）项目工作中所形成的主要项目成果之一（见图7）。

图7 《湿地和迁徙水鸟保护与合理利用培训工具包》（2009年）[①]

该工具包于2009年正式发布，旨在帮助全球不同地区的湿地和迁徙水鸟保护工作人员全面了解湿地和迁徙水鸟的现状和保护方法，并提供一套通用且灵活的培训设计和开展的方法。它还为更好地理解保护迁徙水鸟及其赖以生存的重要栖息地所组成的“迁飞网络”的重要性，以及如何应用和传播这些保护理念和方法提供了重要的技术指导和管理思路。

这套工具包的目标人群主要是各类湿地和迁徙水鸟保护项目的管理者和

① 资料来源：https://www.wetlands.org/publication/wings-over-wetlands-wow-project-flyway-training-kit-ftk/。

研究者，但同样也适用于湿地和水鸟相关的政府机构、行业部门、学术机构、社会组织、自然教育中心和基地。

该工具包的主要内容包括迁飞路线保护技术、传播理论方法、术语表、缩略语表、参考文献和延伸阅读、组织和举办迁飞保护培训工作坊的课程计划示例、用于水鸟保护培训工作坊的文稿演示（PPT）课件示例、用于迁飞路线保护培训工作坊的练习活动方案示例等内容。具体而言，该工具包重点从迁飞路线概述（模块1）、迁飞路线的保护方法和策略（模块2），以及如何开展相关保护项目的传播工作（模块3）3个主题，通过基础理论结合大量一线保护实践项目案例的方式展开论述（详细内容参见表8）。

表8 《湿地和迁徙水鸟保护与合理利用培训工具包》内容框架

类别	主题	具体内容
模块1	迁飞路线概述	· 鸟类迁徙简介：生态优势和影响 · 飞行技术、迁徙时间表及其保护意义 · 更广泛地理范围内的迁徙策略 · 场地的概念：场地在支持鸟类迁徙方面的作用及其意义 · 迁飞路线和迁飞术语 · 迁飞路线的原则及世界不同地区的考虑因素 · 影响迁徙水鸟种群动态的关键因素 · 迁徙水鸟的主要威胁因素及其生态影响 · 迁飞路线中的场地保护 · 迁飞路线规模的保护举措 · 气候变化对迁飞路线保护的潜在影响 · 主要知识缺口和研究需求
模块2	迁飞路线的保护方法与策略	· 概要 · 物种保护 · 迁飞路线中的栖息地保护：网络和国际影响下的迁徙路线 · 迁飞路线中的栖息地保护：栖息地管理规划 · 湿地生态：加强迁徙水鸟关键栖息地的保护与恢复 · 将当地社区的需求纳入关键栖息地的管理 · 有效的水鸟保护政策 · 湿地和迁徙水鸟评估 · 能力和网络建设

（续）

类别	主题	具体内容
模块3	开展相关保护项目的传播工作	· 概要 · 学习 · 小组流程和团队角色 · 课程体系开发 · 传播迁飞路线 · 传播迁徙水鸟 · 制定传播策略 · 传播研究案例、角色扮演和练习

“迁飞路线保护技术”是该工具包的核心内容，包括3个模块。模块1和模块2全面介绍了与迁徙水鸟和湿地保护相关的主要问题，同时还系统介绍了开展相关工作所需的沟通技巧方面的信息，并提供了如何在各自地区举办研讨会和开展培训的实用工具框架。技术模块的设计目的是让使用者从多角度全面了解迁徙水鸟保护方法，并汇总形成一套方便检索和查阅的工具包，如果需要，使用者可以通过这套工具包延伸找到更多相关的资料和信息，进一步拓展他们对湿地和迁徙水鸟保护的理解。模块3为培训者提供了关于如何开展湿地和迁徙水鸟保护宣传的方法指导，这对于更广泛地宣传和影响公众及社会，并有效地吸引各类利益相关方的参与至关重要。

为便于培训的执行和开展，该工具包还提供了组织相关培训所需要的活动方案和PPT课件的模板，方便培训人员根据自己的工作计划和不同的目标群体进行调整和个性化的定制开发。

该工具包也能够根据培训开展的地点，所在保护地或区域湿地和迁徙水鸟保护的现实情况进行调整，鼓励培训者加入当地的案例、经验、教训、研究成果等来丰富培训的内容，并反映其所在地区湿地和迁徙水鸟保护的重点和优先工作领域，与此同时，始终强调作为迁飞路线上的一个环节，任何保护地和项目点都应该了解整个迁飞路线的情况、沿线其他保护地的情况、彼此之间的相互关系以及系统保护迁徙水鸟的策略方法。

但是总体而言，该工具包的内容相对比较专业、精深，需要有一定相关领域的知识基础和工作经验才能够充分地理解和应用，其中，模块1的概述和介绍部分没有包括湿地和迁徙水鸟相关的基础科学知识和保护理念，而模块2关于保护实践的内容，很多是从管理者和研究者的角度予以设计，并且运用了非常专业的科研监测语言和科学分析工具方法进行描述和阐释，因此具有一定的阅读难度。而且该工具包中虽然包含了大量的案例，但是很多是来自其他国家和地区的物种和它们的保护和管理策略，与国内的情况有一定的差异，甚至不同，因此不能简单地直接套用。因此，对于一些刚刚进入该领域的从业者，相关社区、社会组织的人员，甚至是对湿地水鸟保护感兴趣的个人志愿者，在阅读和直接运该工具包时可能具有一定的挑战，同时对于一线保护工作比较需要的巡护、监测、突发情况应对等问题，相对提及较少。这也是本书希望呼吁在未来能力建设工作中应加以弥补的一个问题。

4.《国际重要湿地管理有效性跟踪评估工具》（R-METT）

《国际重要湿地管理有效性跟踪评估工具》最早由世界自然基金会（WWF）与世界银行在联合执行森林保护与可持续利用项目过程中开发，并由WWF与《关于特别是作为水禽栖息地的国际重要湿地公约》（简称《湿地公约》）秘书处对其进行修订完善后于2007年在全球发布，旨在为自然保护地的行业主管部门和具体保护地的管理人员提供一套能够评估并持续跟踪保护地管理有效性及其发展过程的监测评估工具。经过了几年的测试、应用和论证，《湿地公约》于2015年《湿地公约》缔约方大会第十二届会议审议通过了该有效性跟踪评估工具（第Ⅻ-15项决议），并鼓励所有缔约方在湿地管理工作中运用此工具。2020年，为迎接即将在中国召开的《湿地公约》第十四次缔约方大会，WWF中国和《湿地公约》国际伙伴组织联合在中国发布该工具的中文版（见图8）。

《国际重要湿地管理有效性跟踪评估工具》是一套包括用于识别自然保护地系统内受到威胁的重点保护区的“快速评估和优先性分析”方法，以及详细的监测方法体系的一套评估工具，也是一种快速且易于实施的评估方法，用于评估国际重要湿地管理有效性的进展，帮助保护地管理人员和主管部门

图8 《国际重要湿地管理有效性跟踪评估工具使用手册》(中文版)(2020年)

了解湿地的管理工作是否符合预期并能持续改善。它的设计和应用基础是由世界自然保护联盟的自然保护地委员会（WCPA）所设计的一套保护地管理有效性的评估框架[①]。

《国际重要湿地管理有效性跟踪评估工具》主要由5类共6个工具表组成，记录和评估的主要内容包括：国际重要湿地的现状和进展、根据国际重要湿地信息表识别并描述湿地的生态特征和价值、国内和国际标准的保护类型、国际重要湿地面临的威胁、评估表和国际重要湿地的生态特征趋势。其核心内容包括以下几个方面。

- 数据表1a：用于报告国际重要湿地的名称、规模、地理位置，以及管理制度和机构现状等基本信息。
- 数据表1b：根据湿地的生态特征描述及国际重要湿地信息表（RIS）列

① 资料来源：M Hockings, S Stolton, F Leverington, N Dudley and J Courrau, 2006;《评估有效性——评估保护区管理有效性的框架》(第二版)，国际自然与自然资源保护联盟（IUCN），瑞士，参见www.iucn.org/themes/wcpa/pubs/guidelines.htm#effect2。

举并描述湿地的主要价值，具体包括基于国际重要湿地指定标准，以及其他与该湿地生态系统相关的湿地生态特征及其所提供的生态系统服务功能。

- 数据表2：记录该湿地对应的国内和国际标准的保护类型和等级，包括国际重要湿地和国内保护地等级，联合国教科文组织世界遗产地等级、人与生物圈保护区以及其他保护地类型等相关信息。
- 数据表3：分高、中、低3个级别记录该国际重要湿地目前面临的主要威胁，具体包括该湿地范围内的住宅和商业生态、农业和水产业、能源产业和矿业、交通等基础设施、生物资源的利用及其影响、人类活动干扰、自然生态系统发生的变化（如水文变化）、外来物种带来的入侵等遗传基因问题，污染排放、地质风险、气候变化和极端天气、特定的文化或社会因素影响12个大类。
- 评估表4：该评估工具包含共35大类评估问题，具体包括法律地位、制度法规、执法情况、管理目标、规划设计、范围边界确定、管理计划、日常工作计划、资源调查、日常巡护、科学研究、资源管理、员工管理、员工培训、部门和项目经费的现状、稳定性及管理制度、设施设备及维护管理、宣教工作、土地和水资源使用规划、政府部门和合作伙伴关系、原住民和当地社区、经济效益、监测和评估、访客服务、相关旅游业经营者关系、收费情况、管理对象（湿地）的现状和生态特征、跨部门管理机制、与国际重要湿地履约管理机构的沟通机制以及对所有问题的限制条件和优势排序等。
- 数据表5：记录并分析国际重要湿地的生态特征趋势（包括生态系统服务和社区利益）。要求填写该湿地的主要生态特征、所提供的生态系统服务功能及国际重要湿地的指定标准在过去5年内的变化趋势（是否改善、保持稳定、出现退化或数据缺乏）。与数据表1b不同，这里主要关注的是过去5年的变化情况，是对湿地管理成果及有效性的总结。

5.《“提升我们的遗产”工具包2.0》[①]

《“提升我们的遗产”工具包2.0》是一套用于评估世界自然和文化类遗产项目的管理有效性的工具，由联合国教科文组织（United Nations Educational, Scientific and Cultural Organization，UNESCO）、国际文化财产保护与修复研究中心（International Centre for the Study of the Preservation and Restoration of Cultural Property，ICCROM）、国际古迹遗址理事会（The Inter national Coucil on Monuments and Sites，ICOMOS）和世界自然保护联盟于2023年共同发布（见图9）。

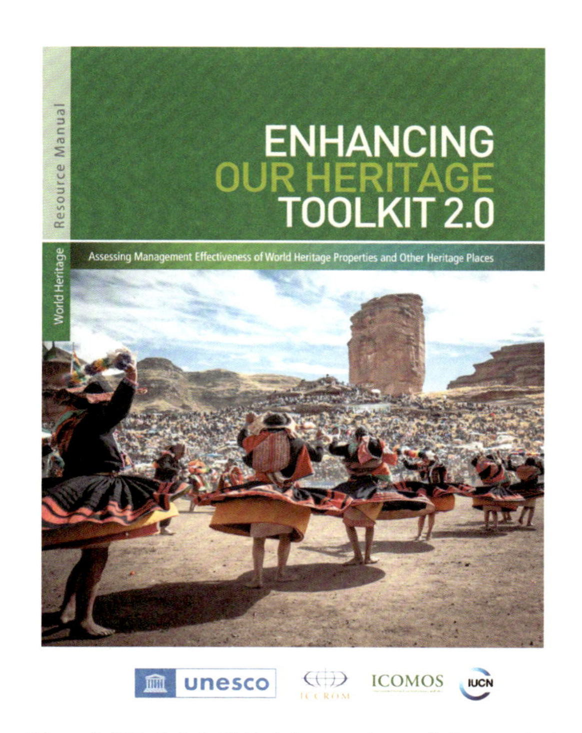

图9 《“提升我们的遗产”工具包2.0》（2023年）

该工具包第一版于2008年出版，其编写基础来源于20世纪80年代前后全球发布的管理成效工具，如世界自然保护联盟自然保护地委员会的“保护地管理有效性评估框架”（framework for assessing the management effectiveness of protected areas）。该工具包最初主要为世界自然遗产项目设

① 资料来源：portals.iucn.org/library/sites/library/files/documents/2024-017-En.pdf。

计，但在实践过程中证明其对文化遗产项目也同样适用。在2016—2017年，ICOMOS通过“联合实践”（Connecting Practice）项目工作，使该工具包的适用性在目前的2.0版本中得到了进一步扩展和加强，成为广泛适用于所有世界自然、文化或混合类等各种遗产项目的管理成效评估工具。

《“提升我们的遗产”工具包2.0》提供了经过全球范围相关项目实践检验的一套评估工具和方法，并且可根据每个遗产地的具体需求进行调整，可用于世界遗产项目的管理者和参与者评估各类世界遗产地的管理成效。基于评估结果，该工具包还能帮助管理者识别改进保护措施、管理流程和资源分配等，特别适合在审查或更新项目管理计划前使用。

该工具包的核心内容是将项目管理分为4个阶段，并具体指导使用者通过完整执行这4个项目管理阶段，以识别和应对当前的项目管理挑战（详细内容参见表9）。

表9 《“提升我们的遗产”工具包2.0》项目管理的4个阶段

序号	阶段	主要内容
1	准备	· 组建团队； · 召开研讨会； · 根据需求定制工具包； · 制定评估流程
2	收集信息	· 收集评估所需的信息； · 建立信息交流和存储系统； · 根据现有信息修订评估程序
3	实施	· 开展评估研讨会； · 完成评估工作； · 确定应对管理差距和挑战的后续行动
4	报告和行动	· 分析结果并确定后续行动的优先次序； · 编写报告总结评估过程，包括行动计划； · 落实行动计划

12个工具：提供了简单易用的方法，可用于共同或单独评估管理系统的所有关键组成部分（详细内容参见表10）。

表10《“提升我们的遗产”工具包2.0》项目管理的12个工具

工具	主题	主要内容
工具1	价值、特征和管理目标	评估对世界遗产或其他遗产地的价值和特征的理解，以及现有管理目标是否适用于指导管理系统
工具2	影响遗产因素	评估影响或可能影响遗产或遗产地的因素是否被知晓、被充分理解、被记录。它还会分析已识别因素的管理措施是否充分
工具3	边界、缓冲区和更广泛的环境	评估世界遗产或其他遗产地布局的多重方面以审查其正确性，以及遗产地、缓冲区和更广泛环境之间的相互作用
工具4	管理安排	评估不同管理者的角色和职责是否明确，他们的协作是否有效，以及权利拥有者参与遗产地或其他遗产地管理的程度
工具5	法律、监管和习俗框架	评估如何利用政策、立法、习俗及其他法律和监管工具来管理遗产地或其他遗产地
工具6	管理规划框架	概述规划框架的有效性，评估用于指导管理的管理计划或其他主要规划工具的准确性
工具7	需求和输入	评估目前的人力、财力、物力和技术资源是否足以有效管理遗产地或其他遗产地
工具8	管理过程	通过审查是否制定了相应的政策和程序，评估管理过程的适当性，以确保按照良好实践和预期标准实施管理
工具9	管理措施实施	评估管理计划、附属计划和相关工作方案的实施进度
工具10	输出-监测生产力	评估计划行动、日常工作和管理过程的实施所带来的输出
工具11	成果-监测保护状况	审查监测计划是否足以评估遗产的保护状况以及其价值是否得到维护
工具12	审查管理成效评估结果	总结评估结果，帮助确定未来后续行动的优先次序

（四）培训案例分析

为更好地为本书所研究的能力建设方案提供参考借鉴，确保相关活动能服务于能力建设的相关目标和产出要求，同时能更有效地体现国际视野和领域关切，与行业现有相关培训在形式和内容上形成一定的互补和相互支撑关系，更好地服务于整个湿地和迁徙水鸟行业的能力建设需求，本文对近年来在我国举办的各类湿地和水鸟保护相关领域的专题培训方案进行了案例收集和分析。

具体而言，本研究共搜集来自12个不同类型组织和机构所设计、主办并组织的共36个专题培训方案作为案例样本。这些案例样本以湿地和迁徙水鸟为主题或主要培训内容，面向相关保护行业或从业者开展。案例方案的主办机构主要为相关国家或地方级湿地保护行业主管部门、国内外自然保护权威专业机构、相关自然保护区、国内自然保护相关领域社会组织等。经过样本分析，排除内容相似性、重复性方案，最终遴选出16套培训方案作为研究样本，对行业培训现状进行统计分析，具体情况如下。

培训内容：纵观所有培训方案样本，涉及的培训内容主要包括专业理论和实践运用两大类，其中，专业理论部分具体包括政策解读、建设管理、保护恢复、科研监测、科普宣教、合理利用6个类型，实践运用部分具体包括现场教学、案例分享和分组实践3个类型。

主办机构：有培训样本的主办方中，国家级行业主管部门或机构约占28%，省级行业主管部门约占17%，其余为各类国内外自然保护权威专业机构、相关自然保护区、国内自然保护相关领域社会组织等，且此类培训大多由多个机构联合主办并组织开展。

培训时间：所有培训方案样本的实际培训组织开展时间分布在2013—2021年，其中以2017—2020年组织的培训方案为主，以确保案例方案既有一定时间尺度上的代表性，也具有一定的组织实施经验，具备一定的稳定性。

培训时长：所有培训方案样本的实际培训组织时长为2～7天不等，平均时长为3.6天。

培训地点：近40%的培训选择直接前往相关自然保护地组织开展，此类自然保护地或已经建成独立的培训中心或基地，或依托保护地合作的会议、食宿等服务机构组织开展。培训内容可更紧密地结合保护地自身的建设管理情况，更直观、生动且具备可操作性。另有1/3的培训选择在专业的、能提供会务及食宿一体化服务的场地组织开展，同时配合设计半天左右前往就近的自然保护地现场教学。还有约17%的培训选择在专业的、能提供会务及食宿一体化服务的场地组织开展，如会议中心、行业培训基地等。此类培训一般规模较大，人数较多，形式以大型专题讲座等为主。此类培训场地和形式的选择，更有助于确保培训的安全性和组织管理的便利性。

1. 结果解读

对所有样本的培训内容分析显示，理论方法和实践运用两大类的培训内容，所占比例大致为6：4（见图10）。其中，理论方法部分内容以政策解读、建设管理、保护恢复、科研监测、科普宣教5个类别为主，基本在绝大多数培训方案中有出现，且所占比重大致相当，在8%～13%；合理利用类的培训内容是所有理论方法类培训中所占比例最少的，仅为5.11%，且仅在部分培训中出现，在整体培训方案中所占时间比例也相对较小。

实践运用部分内容中，以现场教学类别的内容设置最为普遍，时间也相对最长，所占比例达到17.04%，案例分享和分组实践类别的培训内容分别占13.24%和11.28%。

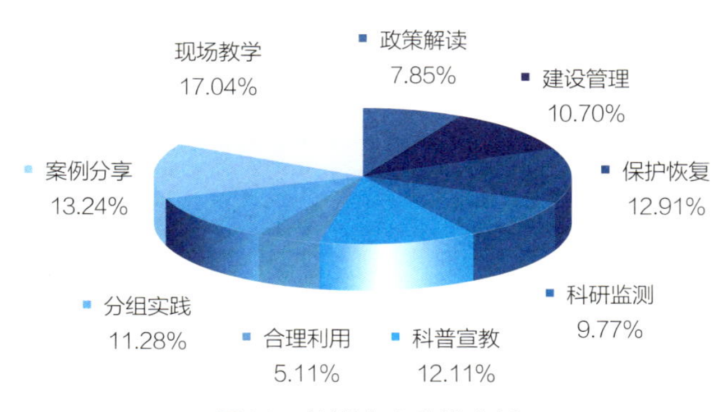

图10　培训内容分类分析

对于所有调查样本按照不同培训主办机构的类型进行分析，可以看出明显的差异（见图11）。

国家级政府部门或机构主办的培训中，理论部分内容所占比例最高，约占3/4。具体6个大类的理论部分内容所占比例相对均衡，为11%～14%，其

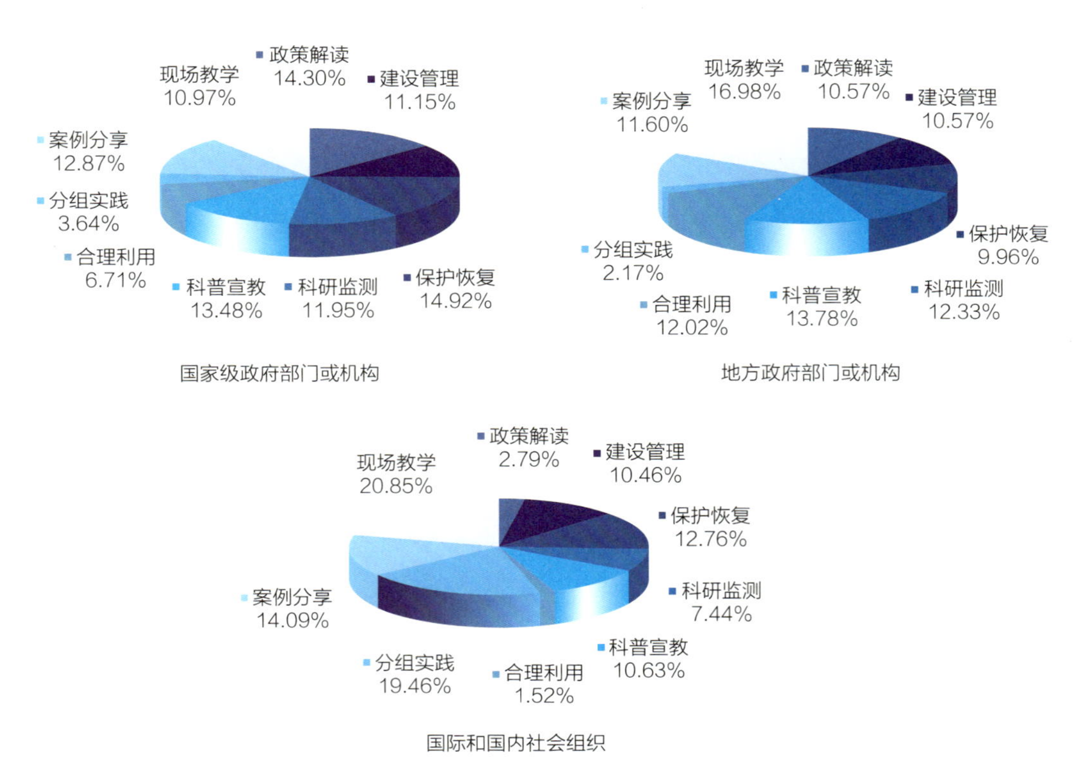

图11　不同主办机构培训内容分类分析

中，保护恢复和政策解读内容在所有类型中比例最高，合理利用类的培训内容相对略少，占6.71%；实践部分的现场教学和案例分享内容较均衡，分组实践占比最少，仅为3.64%。

省（直辖市）级地方政府相关部门或机构主办的培训和国家级培训有一定的相似性，同样以理论部分内容为主，约占70%，且6个类别的所占比例基本均衡，但呈现出政策管理和理论类别的内容比例总体要低于可运用的技能方法类别内容的趋势。实践部分培训内容中现场教学和案例分享内容所占比例相对较高，设置分组实践环节内容的培训极少，仅占2.17%。

国际和国内社会组织主办的培训，在内容和形式上都与政府部门组织的培训呈现出比较明显的差异，实践运用部分略超过理论部分所占的份额。其中，理论部分培训内容的6个类别所占比例并不均衡，尤以政策解读和合理利用内容比例显著偏低，而保护恢复类型的培训内容所占比例最高。在实践部分的三大类培训内容设置相对均衡，特别是分组实践环节，显著高于其他2类主办方的样本数据分析结果，达到19.46%。

具体分析3种主办方主办培训的内容设置共同点和差异性可参见图12。

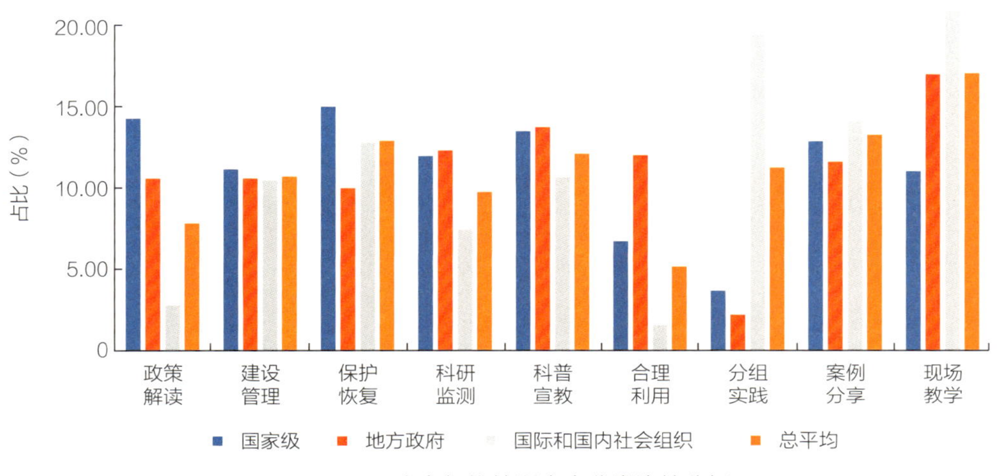

图12　不同主办机构培训内容分类比较分析

（1）理论部分

- 同质性

建设管理、保护恢复、科研监测和科普宣教4类培训内容在3种不同主办机构组织的培训中，设置相对均衡且比例相近，其中，国际和国内社会组织主办的培训中科研监测部分的内容相对略低，但不存在显著差异；总体而言，地方政府和相关机构对具有可实际运用的技能方法类培训的重视程度较高，这可能源自其更关注湿地保护和管理一线面临的具体问题的解决。

国际和国内社会组织主办的培训，对保护恢复类的内容关注度较高，这可能受此类机构的公益属性和机构战略定位，以及相关项目的目标设定中对保护恢复的倾向性影响。

- 差异性

国家级政府部门或机构主办的培训中，政策解读类内容的比例相对最高，且所有案例样本间没有明显差异性。地方政府或相关机构主办的培训次之。

国际和国内各类社会组织主办的培训中，此类内容占比最低，呈现出显著差异，甚至有一定数量培训未设置这部分内容。

合理利用类的培训内容在地方政府或相关机构主办的培训中所占比例最高，反映出地方湿地保护和管理部门或机构对湿地合理利用的理论、方法及案例等培训的强烈需求，这可能也是一线湿地保护工作的关键、重点和难点；国家级政府部门或机构主办的培训对此类需求也有回应，但比重略低；各类国际和国内社会组织主办的培训中，合理利用类别的内容所占比例极低，大部分培训方案中未设置相关内容，这也从侧面体现出此类主办机构在重点工作领域和价值认同上的特点。

（2）实践运用部分

- 同质性

现场教学、案例分享是所有培训中普遍设置的内容，其中，案例分享类别的内容设置在不同主办方的培训中所占比例相对均衡，但政府部门主办的培训中的案例分享大多以国内湿地保护区和湿地公园案例为主，鼓励自然保护地之间相互学习借鉴；各类国际和国内社会组织主办的培训，更侧重分享国际、行业经验案例，特别是主办机构自身开展的项目及取得的成果，以强化主办机构的主体性和行业认可度。

现场教学类培训内容在国家级政府部门或机构组织的培训中所占比例较低，各类国际和国内社会组织主办的培训中所占比例最高，这可能和培训的规模、主要的目标和主办机构的定位和培训支持项目的具体目标直接相关。

- 差异性

各类国际和国内社会组织主办的培训中实践运用部分的培训内容所占的时间比例远高于国家级或地方政府相关部门或机构主办的培训。其中，分组练习在大部分政府部门主办的培训中未设计或极少提及，此类培训中学员互动式、自主式学习的内容相对较少；实践运用方面的培训，更多是通过现场参观和交流的形式来实现。而各类国际和国内社会组织的培训则特别强调实践运用和参与式学习，分组练习、分享、讨论等实操性的培训形式和内容占据较大比例，这也成为此类培训的特色。

2. 分析启示

总体而言，各类机构组织的培训在内容设计上具有一定的共性，但也具有明显的自身特点，从而形成各自的范式，既有明显的优势，也存在一定局限。

国家级政府相关部门或机构组织的培训，其重要优势之一是能及时对最新行业政策、管理制度等进行权威解读（如全新的自然保护地分级体系、新出台的《湿地法》内容解读，自然公园三区并一区后的管理策略调整等），从而指引一线工作的方向、原则和边界等问题。与之相对应，地方政府部门或相关机构在此类内容的设计上具有一定的局限性，需要一个自上而下传递消化的过程。而各类国际和国内社会组织主办的培训在政策理解和传达方面更存在明显的滞后性。

地方政府相关部门或机构主办的培训在形式和内容设计上相对灵活，没有固定的模式和框架，更能结合当地湿地保护和管理工作的特点、问题和一线需求，其注重实用性，带有引导性。但此类培训一般时间较短，往往内容不全面，各地或同一省（直辖市）不同批次的培训内容差异性较大，可能较难满足所有行业人群的普遍需求。

各类国际和国内社会组织主办的培训更侧重启发式、参与式学习和知识向技能方法的转化与运用，此类内容通常占整个培训方案一半以上的时间。部分培训还设计了培训结束后对培训学员的后续延伸、跟踪环节，以便更好地巩固培训效果。

此类培训中的案例分享在内容的选题范围上更开放，往往包括成熟的国际经验，并呈现比较强烈的公益属性和自然保护主导的价值观倾向，有助于被培训人员打开眼界，拓展认知。但同时，较为缺乏对一线问题和需求的响应，有时候显得不够接地气。

另外，除了案例分享环节，所有同类型培训内容的主讲人、培训内容和形式重复度较高，定制性较弱，大部分培训方案的设计是一种普适性的培训思路，较为缺乏针对具体培训人群、培训地点等需求精准设计的培训活动。

综上所述，通过对行业中湿地和水鸟保护相关领域的专题培训案例的具体数据进行统计分析，对未来我国开展湿地和迁徙水鸟保护能力建设工作有以下启示。

（1）明确自身定位，展现项目优势

我国湿地和迁徙水鸟保护能力建设相关培训的组织方呈现多样化，既有国家级政府部门或相关机构，也有地方政府部门和相关机构，还有大量的国际和国内保护和社会组织，各类组织、机构的特点和优势不一，只有明确自身定位，才能真正展现项目的优势。

以UNDP-GEF迁飞保护网络项目为例，该项目是由联合国开发计划署和国家财政局、国家林业和草原局合作开展的具有国际性、行业开拓性和专业示范性的项目。它既具有国际项目的开阔视野、权威经验，又具有政府项目的高瞻远瞩、行业引领，还能够立足项目示范点，体现项目在一线保护工作中的实践应用价值。因此，应该借鉴行业现有相关培训的特点，既发挥项目在政策规章和理论方法领域的权威专家优势，又充分结合一线保护地的实际情况，回应实际工作中的能力短板和培训需求；既要广泛学习国内外湿地和迁徙水鸟保护的相关成功经验，又要加以消化和本土化改造，使之能够真正服务于我国社会背景下的湿地和迁徙水鸟保护工作。

（2）依托项目管理平台，开展多元合作

梳理项目合作伙伴关系网络，盘点现有网络中的培训资源和计划，充分发挥项目管理平台在行业主管部门、权威专家团队、一线保护地实践支撑等方面的优势，通过开展多元合作，最大化实现项目能力建设目标，提升工作效率。

比如，通过与国家林业和草原局湿地司等行业主管部门合作，组织开展面向全国的相关行业从业者培训，旨在传达最新行业政策精神，普及基本行业规章制度及专业理论和技术方法等。

又如，与地方政府行业主管部门合作，组织面向当地相关湿地自然保护地和合作机构的培训，并鼓励保护地和机构间的交流分享，着力解决地方性湿地保护和管理面临的共性问题，激励保护地之间取长补短、共学互助。同时，通过推动保护地和相关专业机构之间开展深度、持续的项目合作等形式，同步提升自然保护地管理团队和地方自然保护相关机构的行业能力水平。

针对示范自然保护地的培训，可以打破传统的流程范式，再根据一线工作者的需求反馈，在最新政策规章的普及和具有现实操作意义的工作技能方法的实践式学习2个短板上予以加强。

（3）发挥项目示范点优势，强化参与性学习

在培训的设计和组织开展过程中，充分发挥项目和项目示范点在地资源和保护工作成果的优势，鼓励前往项目示范自然保护地开展培训，此类培训有针对性、定制化，主题聚焦、方法灵活。

此类型培训更强调参与性和实践性的工作坊式培训，应充分结合项目示范点的保护工作目标、管理计划、日常工作方法、保护成果和机遇挑战等问题设计和展开，让参与者能在真正的自然保护工作情境下理解湿地保护的目的、意义、使命、责任、理论方法，并通过和同行从业者的直接交流互动，吸纳一线经验方法的同时，帮助参训人员培育职业精神并增强其对工作和所处行业的认同感、归属感。

3. 经验借鉴

分析其他国内外湿地和迁徙水鸟或自然保护领域能力建设项目的具体组织形式和方案内容，有以下经验可供借鉴参考。

（1）提升组织招募环节标准

行业能力建设的成效，最终取决于参训者对培训内容的理解吸纳以及在后续工作中的有效运用，因此，培训对象的组成、基础能力背景、培训意愿和培训内容的匹配度等，从某种程度上来说影响着能力建设项目的最终效果。

大部分国内外公认的较为成功和有代表性的经典和专业性培训，都会在

招募阶段对培训对象进行一定的筛选，有些带有公益资助性的培训名额，还需要申请人提供单位或相关领域专家的推荐信。对于邀请性的培训，在招募环节基于明确的培训目标和方案，应该确定此次培训适宜和面向的培训对象要求，如职业性质、从业年限、相关培训基础背景等。

对于公开招募的培训，应该设计报名、选拔的环节，对申请报名参与的人员，要求其提供个人简历、报名动机、培训意愿、从业机构和个人职业现状、相关培训经验、参与过的类似项目案例介绍等资料信息，并组织专人进行评估筛选，确保培训对象与培训目标和内容的设计相匹配。

在选拔、挑选培训对象时，收集到的学员信息，也有助于培训主办方根据具体学员的需求、关注点等反馈，进一步微调和优化培训方案。经典的培训活动，往往都有稳定的理论和方法构架，但每一次具体的培训流程又会有定制化的特点差异，如此才能体现一个专业培训在科学方法引领和实践操作应用两方面的平衡和兼顾。

（2）设计丰富翔实的培训方案

培训的主题选择应具有专业性和针对性，内容设计兼顾科学性和实操性，能够充分回应培训参与者和所在地的需求和关切，培训形式兼顾课程讲授、参观交流、讨论练习、现场实践等形式，并能提供包括课程教案、辅助教具、案例集锦、参考资料和延伸阅读或学习推荐等内容，方便学员有针对性地开展课前预习、课内学习，以及培训后的学习、运用等持续赋能，要特别鼓励学员之间的相互交流、讨论、分享、合作，以及培训后在相关业务上的专业互动。资料形式应以电子版为主，尽可能减少纸质印刷版本等一次性材料的发放。建议建立可以实时更新的云盘资料库，并发动学员共同参与资料的管理和补充完善，使之成为一个不断发展优化的线上智库。

（3）完备周到的培训组织管理

培训组织管理应该有清晰的方案，明确从培训准备、讲师聘请、培训方案设计确定、学员招募和筛选、培训组织开展、监测评估、回顾反思等环节进行周期性管理。特别是培训组织开展阶段，开始要有破冰热身，每个环节要有点评总结，隔天要有回顾，在这些环节中鼓励所有学员主动参与并发表个人观点，还可进行学员之间、小组之间的提问、讨论、交流。培训要有严格有效的时间观念，切忌拖堂等打乱培训节奏，在培训过程中注意学员的学习状态和参与投入程度，适时运用引导和激励策略。在培训过程中和培训结束后，都需要进行培训效果的评估，组织团队开展复盘讨论，找出该次培训组织开展上的优点和不足，并为后续培训的设计和组织提供借鉴。

另外，在培训组织地点的选择上，一方面要确保培训环境的适宜，比如，培训场地要便于学生开展交流、讨论、分享，最好有可现场参观学习的场地；另一方面，要确保后勤、食宿、交通等服务的安全周到，确保学员能在舒适、自如的状态下完成培训。但是，也要避免在过于繁华、喧嚣的地段组织培训，以免学员过多受到外部环境的干扰，分散培训期间的关注力和投入度。

（4）培训结业和后续支持

培训的目的不是完成培训任务，而是通过培训提升参训者的认知和知识获取、技能方法创新等相关能力，并使之在后续的行动领域能主动地运用所学并取得积极的效果。因此，培训的结业形式和培训结束后的持续支持也是一项成功培训的重要内容。

大部分培训会提供结业证书或培训证书，但这种证书的获得应该和课程学习的表现相关。有些专业机构的培训，会综合个人培训考核、小组任务得分、教师评分和学员互评等多项标准评估结业，并且对综合得分靠前的学员提供丰厚的激励，如奖励经典的书籍、出版物，获得受邀参与特别保护、监测或志愿者活动的机会，免除进一步培训费用等。还有一些培训会建立学员群，并制定后续实践任务，对于完成相关任务的学员给予更高层级的专业能力认证证书，并在学员群里广泛宣传推广，从而激励更多学员积极运用培训所学，形成一个能够持续保持活力的学员互助学习交流社群。

中篇

培训需求分析

一、背景概述

本项目的培训需求调查由能力建设专家设计问卷，项目办协助完成问卷发放和数据收集工作，再由专家对数据进行处理分析，并形成本篇。根据项目工作计划和目标中需面向4个项目示范点和迁飞路线沿线相关保护地开展湿地保护管理能力建设与培训工作的要求，为使该工作更具科学性、针对性和实用性，本调查问卷主要针对2类目标人群分别开展，即4个项目示范点所在地的省级和地方林草主管部门和外部专家，以及4个项目示范点的各级工作人员。本调查问卷旨在通过有针对性地开展分类调查，从推动整个行业的专业化发展和推动项目4个项目示范点具体工作的落地2个不同的视角，摸清项目执行过程中，能力建设的具体需求、内容设置、优先次序、开展方式方法以及培训后的长效管理等方面的情况，完善UNDP-GEF迁飞保护网络项目后续能力建设工作的具体实施方案设计，并协助其他相关工作任务的推进和开展，以期为实现最终项目目标提供必要的数据支持、方案设计和执行建议等参考依据，从而进一步设计项目未来的培训计划、方案和教材。

（一）调查概况

本次培训需求调查问卷由UNDP-GEF迁飞保护网络项目办公室负责发放，省级林草机构湿地保护相关主管部门和4个项目示范点管理机构分别负责通知和部署安排问卷填答工作。问卷自2022年5月10日起通过问卷星网络平台（https://www.wjx.cn）予以发放和数据收集，采用无记名的方式填写，调查时间截至当月月底，共持续3周，所收集到的原始数据由项目能力建设专家负责处理分析，并完成报告。

截至2022年5月31日调查工作结束，共回收问卷210份。其中，针对省级和地方林草主管部门的问卷回收样本115份，针对4个项目示范点的问卷回收样本95份。此后，对回收的问卷样本进行质量评估，将未按照要求填写的问卷或数据大量缺失，填写时长明显短于阅读问卷时间的问卷，以及存在相关属地、部门或岗位职责等内容填写与问卷要求不符等问题的问卷，视为无效样本。最终获得有效问卷样本162份。其中，针对省级和地方林草主管部门的有效问卷样本78份，针对4个项目示范点的问卷回收样本84份。在对有效问卷进行分析时，有些问卷存在部分问题内未填写情况，作为数据缺失处理，因此部分数据分析的样本数可能少于该类样本总数，此原因在后续分析中不再赘述。

（二）问卷内容

本次调查问卷的详细内容及收集到的所有数据表格参见附录1-4。后续报告将分2个不同问卷分别进行数据分析和研究。具体在调查问卷的发放范围、填写人员要求、内容设计的继承性和创新性有以下几点说明。

为精准服务UNDP-GEF迁飞保护网络项目，本次调查问卷共分2套方案，分别针对项目合作方和示范点设计，确定目标人群并定向发放，明确要求由部门、岗位、职责具有一定相关性的人员填写。

具体而言，针对辽宁、山东、上海、云南4个省级林草机构湿地保护相关主管部门的问卷要求安排以下4类人员填写：①省级林草主管部门相关负责人1～2人；②省级林草主管部门相关部门负责人2～3人；③熟悉该省湿地示范保护区情况的行业专家1～2人；④示范保护区所在市/县级林草主管部门负责人1～2人。相关部门需提交的总调查问卷样本数原则上不少于5份。

针对辽宁辽河口国家级自然保护区、山东黄河三角洲国家级自然保护区、上海崇明东滩鸟类国家级自然保护区、云南大山包黑颈鹤国家级自然保护区4个项目示范点的问卷要求安排以下4类人员填写：①保护区主管领导1～2人；②保护区主要管理部分负责人3～4人；③保护区科研、监测等专业工作人员3～4人；④保护区一线巡护等工作人员3～4人。各示范保护区需提交的总调查问卷样本数原则上不少于10份。

在调查内容上，除目标人群等背景调查的内容差异外，在具体培训需求调查中，除了一致性的相关问题，差异性的问题包括：针对省级林草机构湿地保护相关主管部门的问卷在培训形式和组织部分的问题中增加了“如组织相关培训，您及所在部门/机构可提供哪些支持”“为巩固和强化培训效果，您可以提供哪些支持”2个问题。针对4个项目示范点的问卷在培训形式和组织部分的问题中增加了“期望的参训回报”1个问题。

相比于项目设计期开展的能力建设需求调查，为便于纵向比对，本次问卷保留了较多相似性问题，但考虑项目执行和湿地保护一线工作的具体需求，以及与我国湿地保护工作整体战略保持一致，也增加了差异性问题，具体包括：在培训形式和组织部分的问题中增加了“是否参加过湿地的专业培训”“平均每年参加培训的总次数”“参加过的培训包含以下哪些方面的内容”“您对目前参与过的专业培训的评价”等问题，以期获得更多有建设性的信息反馈。在具体培训内容中，增加了“《湿地保护法》内容解读”“《湿地公约》履约、保护地管理等国际理念宣讲”“包含人员、设施、媒体的保护区宣教系统建设完善”“基于湿地保护区的自然教育、自然体验、研学等项目设计和运营”“观鸟、野生动物救助、生物多样性调查等现场实践”等内容。

二、调查结果

调查结果分析主要包括4个部分：调查的基本信息，包括收集样本数及有效样本，受访者性别、年龄、受教育程度等；受访者岗位信息，包括不同类型岗位以及主要工作领域；受访者已有培训经验，包括培训的类型和次数，培训的主要内容的参与感受，对既往培训经验的评价等；受访者对未来培训的需求和期待，包括培训的组织形式，以及具体的培训内容。此外，根据不同目标人群设计的2套调查问卷，收集的信息也将进行比对分析，以厘清不同受众对培训的具体期待和差异。通过这些问题的调查和分析，更能为后续项目设计和开展提供全面的参考建议。

（一）基本信息

本次调查最终获得的有效问卷中，针对省级和地方林草主管部门的样本总数为78份，针对4个项目示范点的样本84份，具体样本数据来源和分布参见图13。

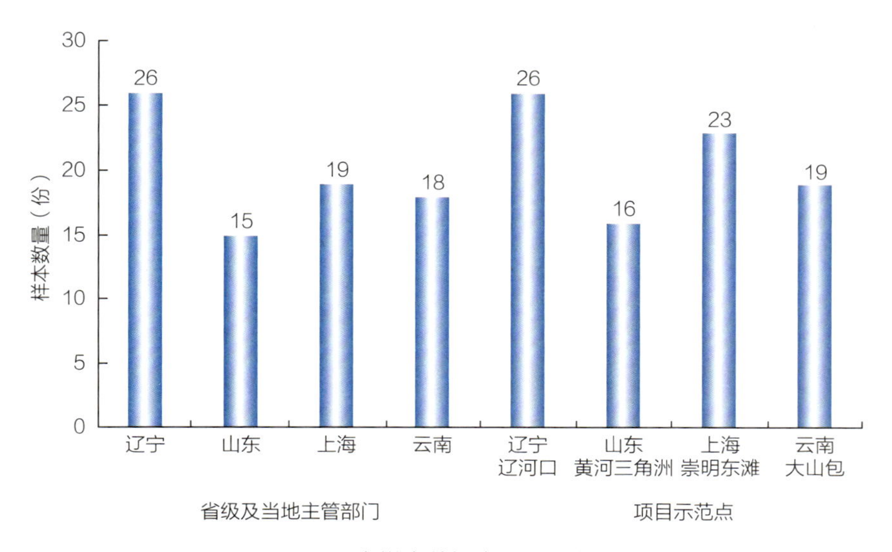

图13　调查样本数据来源和分布统计

调查样本中，男性受访者共有80人，占49.38%，女性受访者为82人，占50.62%，比例基本持平；受访者的年龄结构分析显示，年龄以31～50岁为主，占总人数的73.45%；受调查人员学历以专科及以上为主，占96.30%，其中，学历为本科的最多，占56.18%，第二为硕士，占22.84%（见图14）。

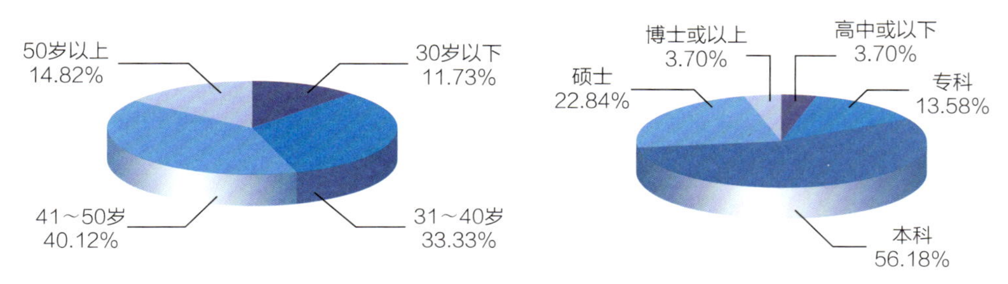

图14　调查样本年龄结构和学历情况统计

（二）岗位情况

1. 针对省级和地方林草主管部门的调查结果

针对省级和地方林草主管部门的调查受访者工作岗位统计参见图15，其中，超过一半的受访者来自示范保护区所在市/县林草主管部门，35.9%为省级林业和草原局湿地保护相关部门负责人，省级林业和草原局主要领导和示范保护区合作专家也参与了调查。受访者从事相关岗位工作的时间以3年以下最多，达47.44%；10年及以上次之，达24.36%；3～5年（含3年）和5～10年（含5年）的分别为15.38%和12.82%。其中，岗位为省级林草部门主要领导的受访者在该岗位工作年限全部在3年以下，地方林草相关部门负责人有50%在3年以下，而岗位为省级林草局相关部门负责人的工作年限则有一半在5年以上。由此可见，湿地管理部门的团队人员既有一定的稳定性，又有很高的更新率。其中，中坚管理团队的稳定性相对更强。此外，项目合作专家的在岗年限呈现两头分布的态势，5年以下的占2/3，10年以上的占1/3。由此可见，关注并愿意参与湿地相关保护工作的专家很多，但仍需要着力培养和科研团队以及专家之间的长期合作伙伴关系。

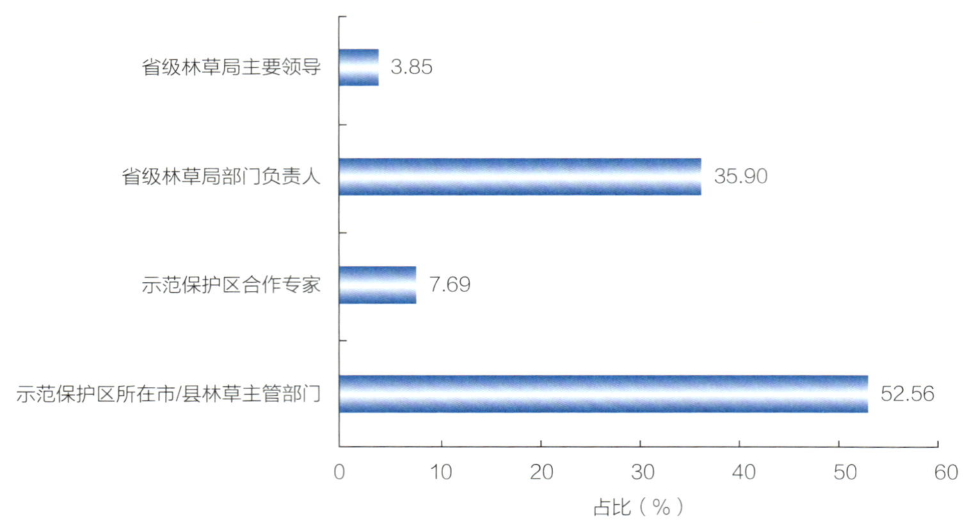

图15　针对省级和地方林草主管部门的调查受访者工作岗位统计

所有受访者的分管或工作领域分布较广，基本涉及湿地保护相关的所有部门和领域，其中，全面统筹管理部门工作的受访者占总数的近1/4，具体工作领域中，科研监测人员比例最高，占26.92%；政策法规、规划建设、执法巡护、宣传教育等领域的受访者数量相近；社区发展和生态旅游管理作为较新的工作领域，受访人员比例最低（见图16）。

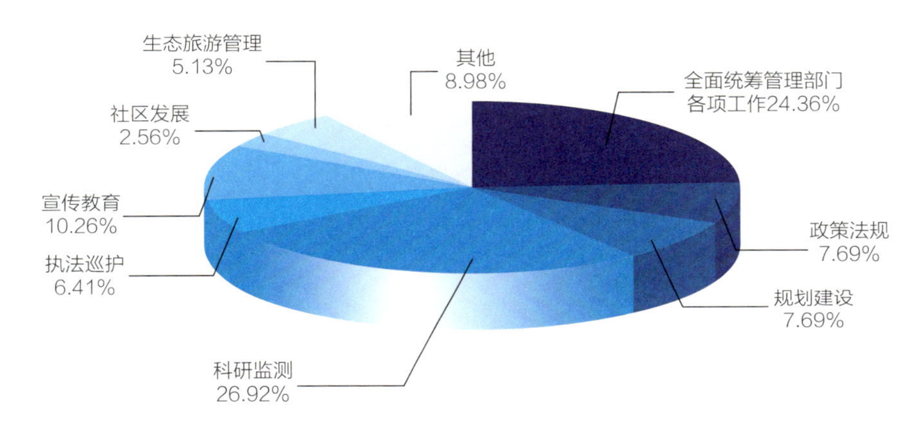

图16　针对省级和地方林草主管部门的调查受访者具体分管或工作领域统计

2. 针对项目示范点的调查结果

针对项目示范点的调查受访者工作岗位性质参见图17，其中，将近一半的受访者任职于技术岗位，比例为46.43%，管理岗位占30.95%，普通岗位占22.62%。受访者从事相关岗位工作的时间以10年以上占比最多，达42.86%，3年以下和3～5年的受访者比例相当，均为21.43%，在岗时间为5～10年的受访者比例最低，为14.28%。总体而言，项目示范点的团队人员在岗时间分布较为平均，体现了较好的稳定性和较快的更新率。

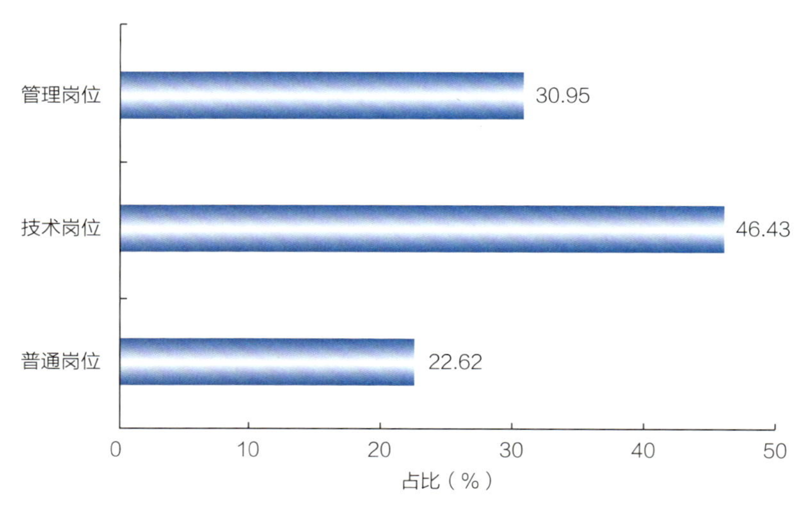

图17　针对项目示范点的调查受访者工作岗位统计

从事管理岗位的受访者中担任中层干部的人员比例最高，达26.92%，其次为从事野生动物保护与保护区管理和管护站管理的人员，分别达到19.23%和15.38%，由此可见，项目示范点的管理团队始终以自然保护区和野生动物保护等工作作为管理工作的核心任务。在本项目较为关注的社区发展领域，没有管理岗位人员受访；从事技术岗位的受访者中有近一半从事科研监测工作，占46.15%；执法巡护人员次之，占17.95%；生态旅游管理和宣传教育分别占12.82%和5.13%，没有从事社区发展的技术岗位人员受访。从事普通岗位的受访者大部分来自行政、内勤等基层工作岗位，有73.68%的受访者没有注明其具体岗位内容。

值得关注的一点是，在被问及“你所在的保护区范围内是否包含其他类型自然保护地”时，27.38%的受访者表示没有，10.71%的受访者表示涉及国家公园，5.95%的受访者表示涉及自然公园；另有3.57%的受访者提及森林公园、地质公园等，但只是作为其他类型提及而将它们归入自然公园大类。由此可见，项目示范点的一线工作人员对于我国三级自然保护地体系的新分类标准和内容并不熟悉，对于保护区属地范围和其他类型自然保护地的协作关系也需要进一步理顺，应在未来能力建设中适当考虑加入最新政策解读等方面的内容。

（三）既往培训调查

1. 类型和次数

省级和地方林草主管部门的调查受访者中，有82.05%参与过湿地相关的专业培训，其中较多的是省级林草或相关主管部门组织的省级专业培训和国家林业和草原局或相关部门组织的全国性专业培训，分别占52.56%和51.28%，均超过半数。另有约1/4的受访者参与过国际组织和国内相关机构组织的专业培训，近四成受访者参与过保护区（包括兄弟保护区）组织的相关培训。另外有17.95%的受访者从未参加过任何相关培训。具体数据参见图18。

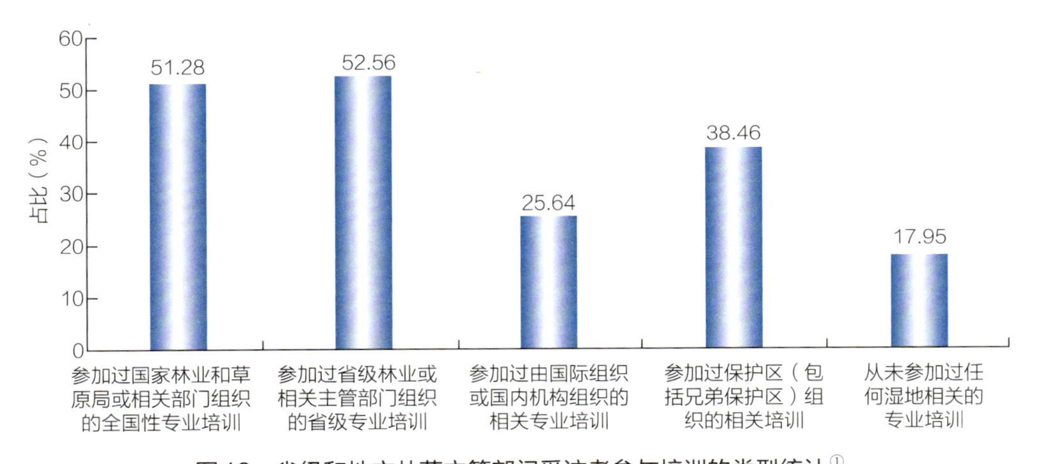

图18　省级和地方林草主管部门受访者参与培训的类型统计[①]

4个项目示范点的调查受访者中，有88.10%参与过湿地相关的专业培训，其中，最多的是保护区（包括兄弟保护区）组织的相关培训，占72.62%，省级林草或相关主管部门组织的省级专业培训次之，占38.10%，参与过国际组织和国内相关机构组织的专业培训的受访者占27.38%，参与过国家林业和草原局或相关部门组织的全国性专业培训的人员比例最低，仅为22.62%。另外有11.90%的受访者从未参加过任何相关培训。具体数据参见图19。

---

① 培训需求调查部分设有多个多选题，分析此类数据时，相关选项百分比＝该选项被选择次数 ÷ 有效答卷份数 × 100%，因此会出现所有选项百分比总和大于100%的情况。为清晰呈现分析结果，统计图以柱形图呈现，而不使用饼图。此方法全文适用，后文不再赘述。

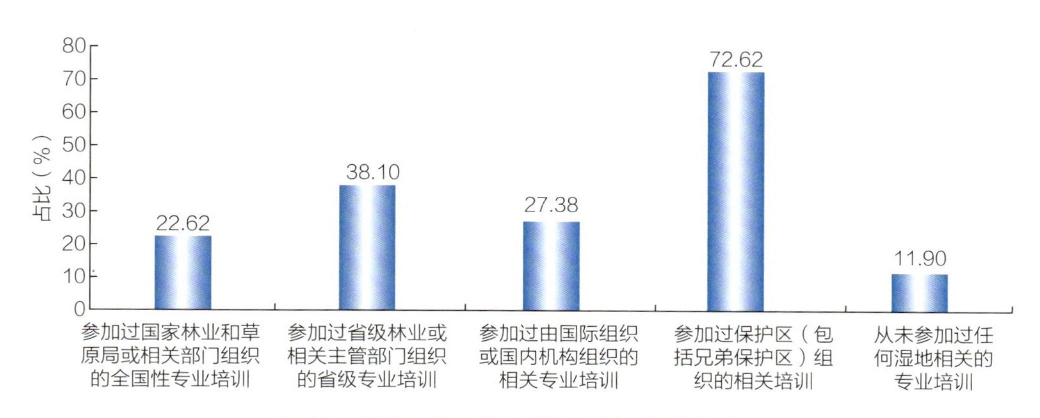

图19　项目示范点受访者参与培训的类型统计

关于参与过的培训的频率和次数的调查结果显示，省级和地方林草主管部门的调查受访者中，平均每年参加2～3次的达到48.72%，1年1次的受访者约占33.33%。而4个项目示范点的调查受访者中，平均每年参加2～3次的占33.33%，1年1次的受访者约占44.05%。总体而言，约八成的受访者可以接受每年至少1次的专业培训，管理部门的培训机会相对略高于项目示范点，但从未参加过培训的人员比例却要高于项目示范点的。

根据2份调查报告结果的比较，省级和地方林草主管部门相比项目示范点的工作人员而言，更有机会参与全国层面和省级层面的专业培训，两类培训的参与人数均达到受访者总数的一半以上。而项目示范点的工作人员，超过七成的受访者通过参与保护区自身组织或兄弟保护区之间相互交流的培训来开展自我学习和能力建设，而参与国家层面培训的机会最少，仅约占二成。参与过省级专业培训受访者的比例近四成，这可能是项目示范点工作人员接受专业系统培训，特别是行业政策管理方法等培训最主要的机会，但相比需求依然不足。此外，国际组织和国内相关机构组织的培训，也已经在行业能力建设中发挥非常明显的积极作用，两类问卷中均有超过1/4的受访者参与过此类培训。值得注意的是，无论是林草主管部门，还是项目示范点的一线工作人员，都还有相当比例的受访者表示从未参加过任何专业培训，并且此类受访者无论是岗位类型还是从业年限，均有较为普遍的分布，而并没有呈现明显的集中趋势，因此，通过本项目加强行业和示范点的能力建设，应该是一种普遍性的需求。从已参与培训的数量和频率看，管理部门的培训机会无论数量还是频率都略高于项目示范点，培训的级别相对更高，类型也更丰富，但从未参加过培训的人员比例却要高于项目示范点。这可能是因为管理部门人员分工更细，且流动性要更强。

2. 内容及评价

省级和地方林草主管部门的调查受访者参与过的培训的内容中，出现最多的是“湿地保护和管理的政策解读”内容，达74.36%，其次为“湿地和生物多样性保护的相关科学知识”“开展湿地和水鸟科研监测方法和案例”，分别达到56.41%和50.00%。有38.46%的受访者在既往培训中参与过“案例分享和现场考察”，但被提及最少的是“分组讨论实践”，仅20.51%。具体参见图20。

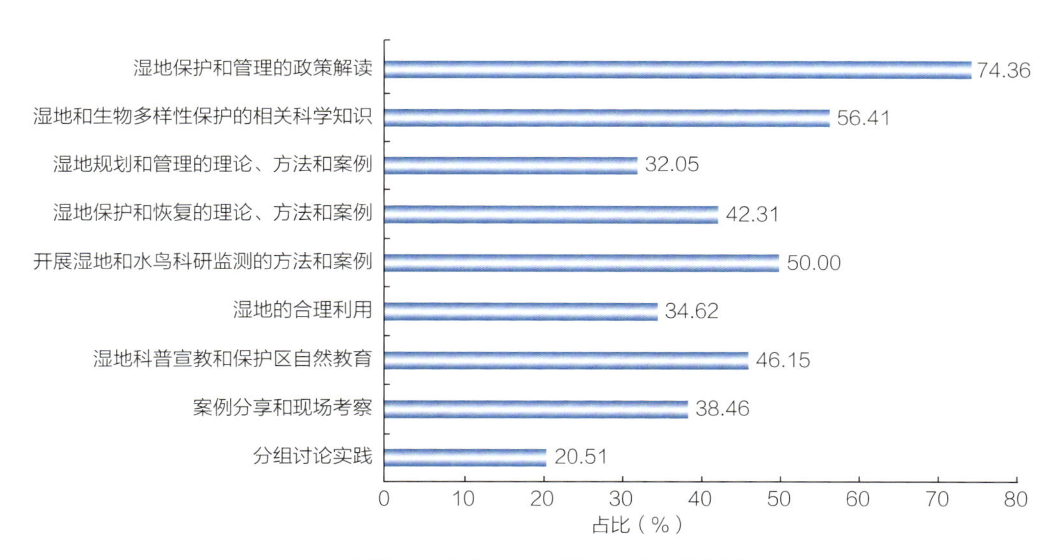

图20　省级和地方林草主管部门受访者参与培训的内容统计

对于培训效果的感受和评价中，有32.05%的受访者给予了整体上比较积极的肯定，认为培训选题合理、内容丰富、形式多样，能充分满足调研需求。也有46.15%的受访者认为培训内容偏重理论，能直接运用于工作实践的内容较少。具体分析结果参见图21。

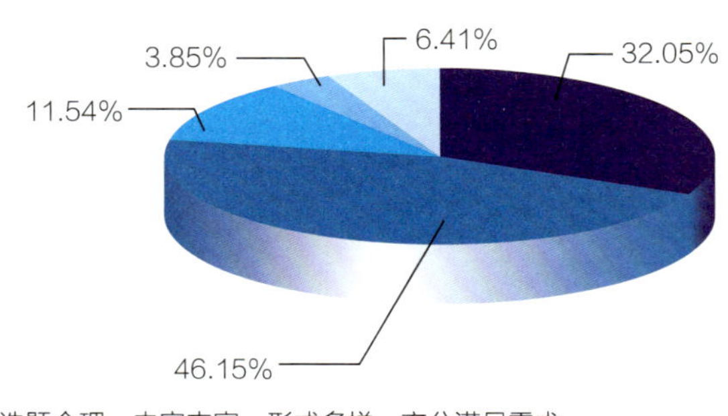

图21 省级和地方林草主管部门受访者对参与培训的评价统计

4个项目示范点的调查受访者参与过的培训的内容中，出现最多的是“湿地和生物多样性保护的相关科学知识”，占比达65.48%，“湿地科普宣教和保护区自然教育”“开展湿地和水鸟科研监测的方法和案例”“湿地保护和管理的政策解读”三项的结果都超过了50%。有30.95%的受访者在既往培训中参与过“案例分享和现场考察”，但被提及最少的也是“分组讨论实践”，仅占比20.24%。具体参见图22。

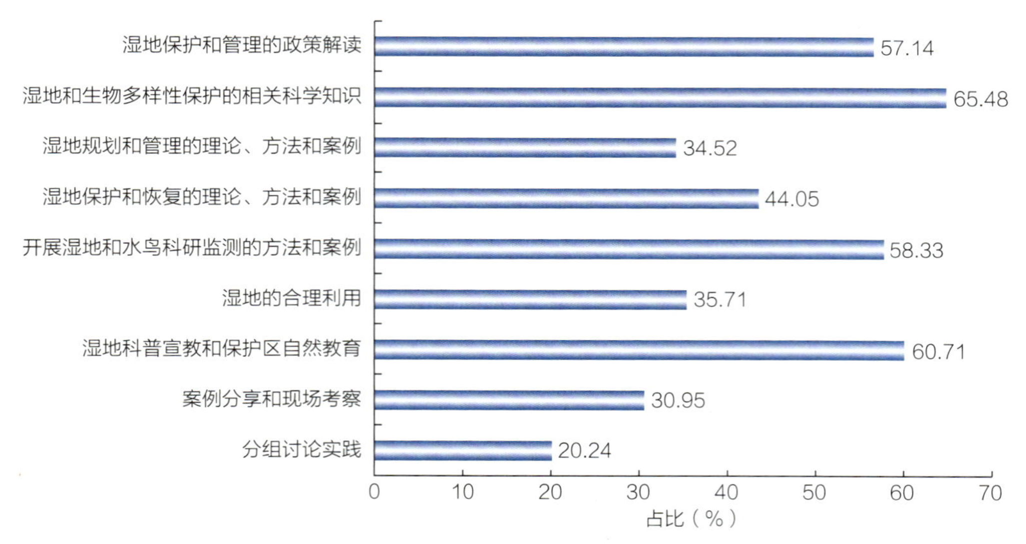

图22 项目示范点受访者参与培训的内容统计

对于培训效果的感受和评价，近半数（45.24%）受访者给予了整体上比较积极的肯定，认为培训选题合理、内容丰富、形式多样，能充分满足调研需求。也有27.38%的受访者认为培训内容偏重理论，能直接运用于工作实践的内容较少。具体分析结果参见图23。

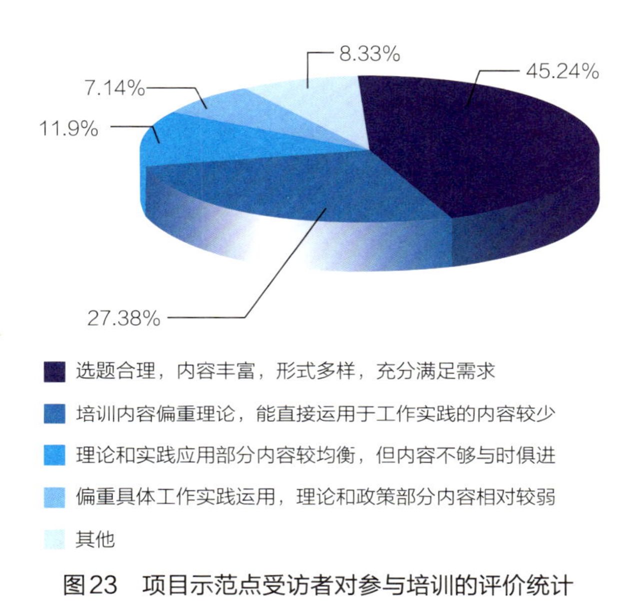

图23　项目示范点受访者对参与培训的评价统计

相比而言，林草主管部门参与的培训中政策解读、管理类的内容更多，实践运用类技术性的内容略少，这可能与培训的组织方、主题等相关。而项目示范点工作人员参与过的培训，因为以保护区组织为主，所以更加侧重于实用性的专业技术方法的内容培训。从两类问卷反馈的结果比较可见，大部分培训已经考虑到理论和实践内容的平衡，安排了案例分享和现场调查的内容，但可能受培训时长等因素影响，让培训学员主动参与小组讨论、分享等环节安排比例偏少。对于培训的满意度，林业管理部门受访者对既往培训整体的满意度相对要低于项目示范点受访者的反馈，也因此对未来培训设计的期待可能更高。总体而言，对培训内容设计中平衡理论和实践的需求呼声比较高，这对于设计和组织都相对灵活的GEF项目培训而言，是很重要的信息和机会，可以更好地弥补传统和主流机构组织培训在形式、内容上的范式局限，更侧重实用性和互补性的功能体现。另外，有多位受访者反馈，由于疫情影响，近两年的培训机会明显减少，因此，逐步完善和丰富线上培训、周期性的培训，以应对未来的不确定性，也是项目未来设计值得考虑的问题。

（四）内容需求

在对于未来培训内容的需求调查中，为了更好地为项目培训策划提供参考，共设计了七大类30项供选择的具体培训内容，其中不仅包括常规培训中可能包含的“政策解读”“规划管理”“保护恢复”“科研监测”等经典的类别，还包括了近年来得到快速发展的“科普宣教”、对GEF项目目标实现具有重要意义的“社区发展”，以及能更好体现培训的参与性、实用性的“实践运用”等类别。为避免提供过多信息可能对受访者产生的引导和干扰，在调研问卷中隐去了7个大类，而直接以具体培训内容的选项形式呈现。由于选项数量较多，为避免受访者产生倦怠感，在量表设计中采取了简化的三段式设计，即急需、需要和不需要3个选项。通过对以上数据的比较分析，掌握受访者对未来培训设计在选题、内容和紧缺性上的具体需求和建议。

1. 培训需求排序

综合所有受访者对培训内容的需求程度评分，得到需求度最高的5项具体培训内容分别是：“《湿地法》内容解读”（38.27%）、“国家湿地保护有关法律法规及政策解读”（35.80%）、“湿地保护地巡护、执法程序与技巧”（27.16%）、“湿地类型保护地管理计划编制”（21.60%）、“《湿地公约》履约、保护地管理等国际理念宣讲”（20.37%）。这些需求体现了受访者对湿地保护和管理相关政策和制度的重视，特别是对具有时效性的《湿地法》全新颁布后的学习和领会。同时，与具体工作相关的管理规划方法、巡护执法程序和技巧等问题也受到了普遍的重视。《湿地公约》履约相关内容的入选，表现了本项目涉及的省（直辖市）及项目示范点对国际履约具有很高的自觉意识和关注度。

具体到不同的受访者群体，在需求上也体现出一定的差异，为未来有针对性的设计和开展培训提供了很好的借鉴。

其中，不同地区的受访者的培训需求分析显示（见表11），所有受访者对政策法规类的内容都具有普遍较高的需求，差异表现在：辽宁省的受访者更关注湿地保护地巡护、执法程序与技巧，以及湿地类型保护地管理计划编制等湿地管理的具体策略方法；山东省的受访者更关注湿地保护的基础知识和技能方法，包括湿地生物多样性保护的基础知识、湿地生态系统服务与价值评估、迁徙候鸟保护与栖息地的基础知识，以及水鸟（及野生动植物）野外识别与调查技术等方面的内容；上海市的受访者更关注湿地保护地巡护、执法程序与技巧以及水鸟栖息地保护修复与重建技术；云南省的受访者更关注如何运用先进、有效的方法统筹、科学地开展湿地保护和管理工作，特别是大面积、大范围等比较复杂的情况，包括湿地保护地数据库与信息系统维护、湿地类型保护地管理计划编制等。

表11　不同地区受访者的培训需求差异

排名	辽宁	山东	上海	云南
1	湿地保护地巡护、执法程序与技巧	国家湿地保护有关法律法规及政策解读	《湿地法》内容解读	湿地保护地数据库与信息系统维护
2	《湿地法》内容解读	湿地生物多样性保护的基础知识	国家湿地保护有关法律法规及政策解读	湿地类型保护地管理计划编制
3	国家湿地保护有关法律法规及政策解读	湿地生态系统服务与价值评估	湿地保护地巡护、执法程序与技巧	国家湿地保护有关法律法规及政策解读
4	湿地类型保护地管理计划编制	迁徙候鸟保护与栖息地的基础知识	《湿地公约》履约、保护地管理等国际理念宣讲	《湿地法》内容解读
5	《湿地公约》履约、保护地管理等国际理念宣讲	水鸟（及野生动植物）野外识别与调查技术	水鸟栖息地修复与重建技术	《湿地公约》履约、保护地管理等国际理念宣讲

具体到不同岗位类型的受访者的培训需求差异分析显示（见表12），所有受访者对政策法规类的内容依然普遍具有较高的需求，而差异表现在：管理岗位的受访者更关注湿地保护地巡护、执法程序与技巧，以及湿地类型保护地管理计划编制；技术类岗位的受访者的需求集中在湿地类型保护地管理计划编制，以及水鸟（及野生动植物）野外识别与调查、水鸟栖息地修复与重建技术、无人机等新技术在湿地监测与保护中的运用等；普通岗位的受访者的需求集中在湿地保护地巡护、执法程序与技巧和湿地生物多样性保护的基础知识等内容。

不同类型受访者对具体培训类别和培训内容的选择，包括必需性和非必要性，将在下文进行进一步分析。

表12　不同岗位受访者的培训需求差异

排名	管理岗位	技术岗位	普通岗位
1	《湿地法》内容解读	湿地类型保护地管理计划编制	湿地保护地巡护、执法程序与技巧
2	国家湿地保护有关法律法规及政策解读	国家湿地保护有关法律法规及政策解读	国家湿地保护有关法律法规及政策解读
3	湿地保护地巡护、执法程序与技巧	水鸟（及野生动植物）野外识别与调查技术	《湿地法》内容解读
4	《湿地公约》履约、保护地管理等国际理念宣讲	水鸟栖息地修复与重建技术	《湿地公约》履约、保护地管理等国际理念宣讲
5	湿地类型保护地管理计划编制	无人机等新技术在湿地监测与保护中的应用	湿地生物多样性保护的基础知识

2. 省级和地方林草主管部门对培训内容的需求

针对省级和地方林草主管部门的调查结果显示（见图24），根据培训内容的7个类别进行分析，受访者认为最为急需的培训内容是“政策解读”（41.02%），其次为“规划管理”（19.87%）、“保护恢复”（12.50%）、“科研监测”（7.95%）3个大类，其余3个类别的急需程度相当，基本都在2%～4%。

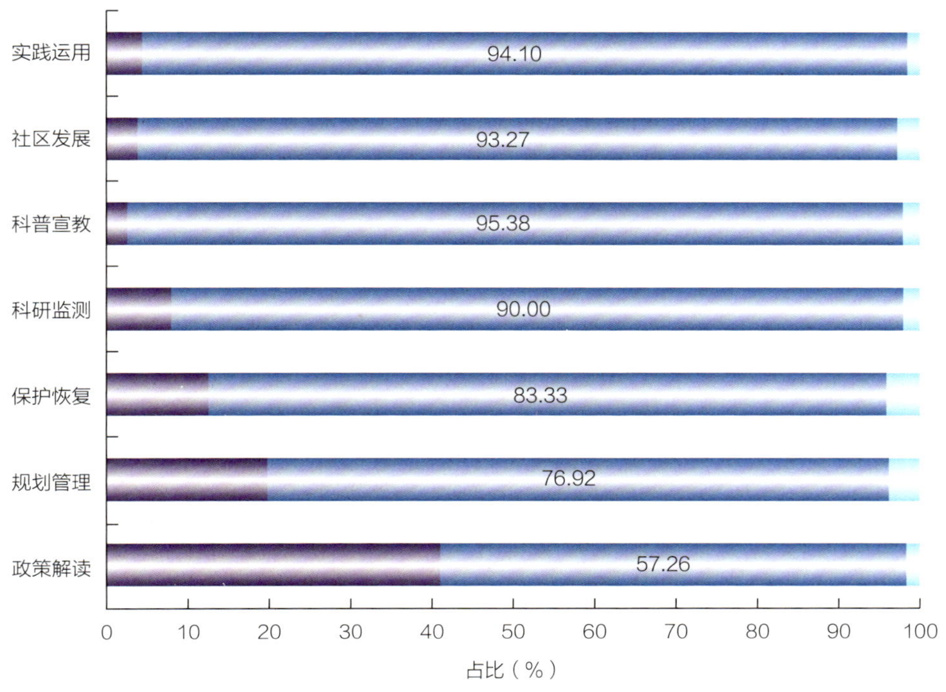

类别	政策解读	规划管理	保护恢复	科研监测	科普宣教	社区发展	实践运用
急需（%）	41.02	19.87	12.50	7.95	2.56	3.85	4.36
需要（%）	57.26	76.92	83.33	90.00	95.38	93.27	94.10
不需要（%）	1.71	3.85	4.17	2.05	2.05	2.88	1.54

图24　省级和地方林草主管部门受访者对培训内容类别的需求统计

如果综合考虑“急需”和“需要”2个选择，所有七大类别之间差异性不大，这一结果基本和常规主流培训的内容设置和价值判断相一致。值得注意的是，认为不需要“保护恢复”和“规划管理”专题类培训内容的受访者数量在所有选项中得分略高，但不具备明显差异，具体原因需要根据30个选项的得分情况予以进一步分析识别。

进一步分析30个具体培训内容的调查结果（见图25），受访者普遍认为最急需开展培训的前2项内容分别是“《湿地法》内容解读”（52.56%）和“国家湿地保护有关法律法规及政策解读”（44.87%）。“湿地保护地巡护、执法程序与技巧”（29.49%）、“《湿地公约》履约、保护地管理等国际理念宣讲”（25.64%）、“湿地类型保护地管理计划编制”（21.79%）3项的得分相对

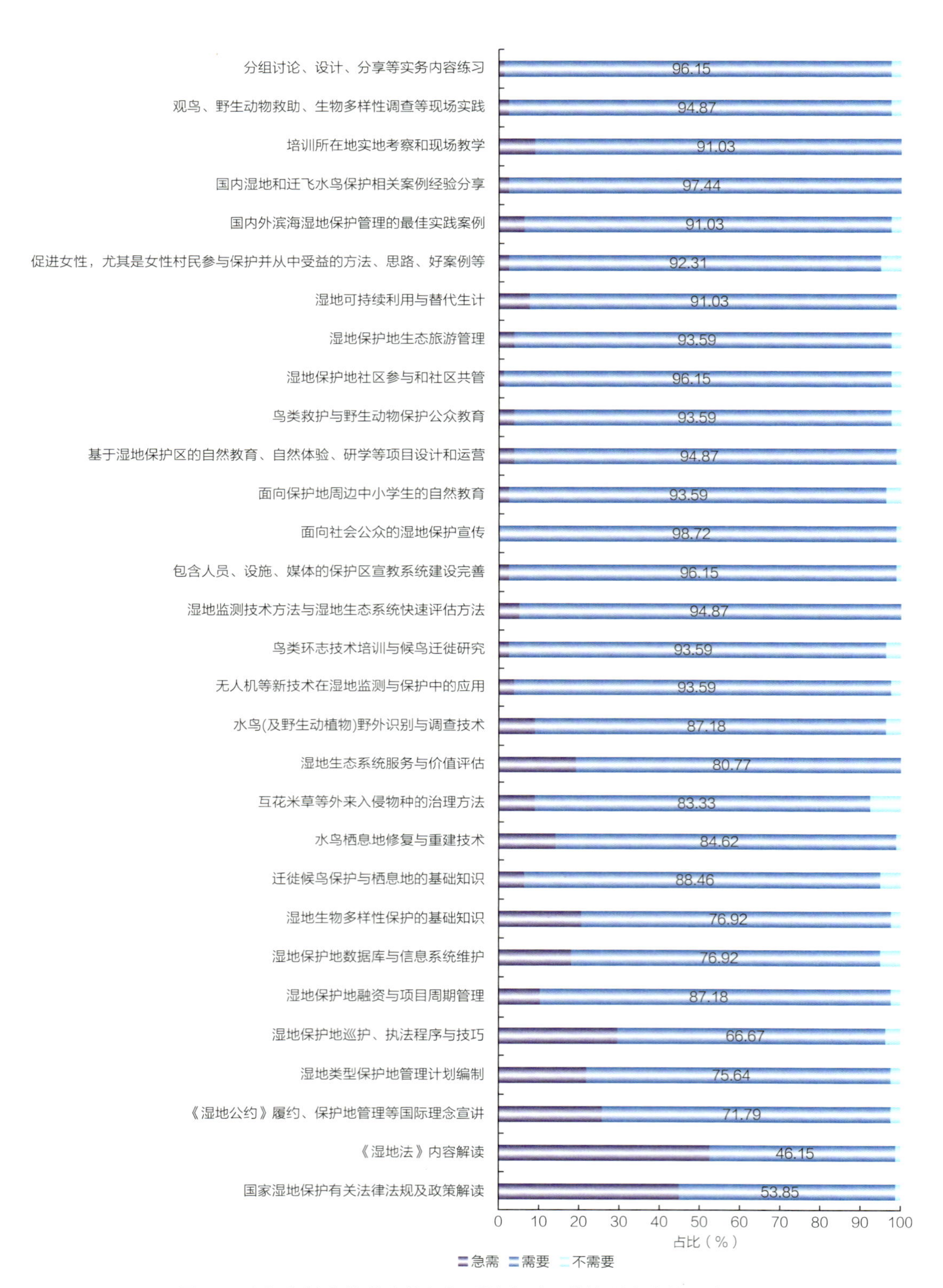

图25 省级和地方林草主管部门受访者对具体培训内容的需求统计

较高。“湿地生物多样性保护的基础知识”（20.51%）、“湿地生态系统服务与价值评估”（19.23%）、“湿地保护地数据库与信息系统维护”（17.95%）、“水鸟栖息地修复与重建技术”（14.10%）排在第三梯队。

反观受访者认为不需要的培训内容，得分最高的是“互花米草等外来入侵物种的治理方法”（7.69%）。其次为“促进女性，尤其是女性村民参与保护并从中受益的方法、思路、好案例等”“湿地保护地数据库与信息系统维护”“迁徙候鸟保护与栖息地的基础知识”3项，被选中率均为5.13%。

所有受访者都认为必须（“必须”指“急需”和“需要”两个选项，总和为100%）要包含的培训内容有4项，分别是：“湿地生态系统服务与价值评估”“培训所在地实地考察和现场教学”“湿地监测技术方法与湿地生态系统快速评估方法”“国内湿地和迁徙水鸟保护相关案例经验分享”。

3. 项目示范点对培训内容的需求

针对4个项目示范点的调查结果显示（见图26），根据培训内容的7个类

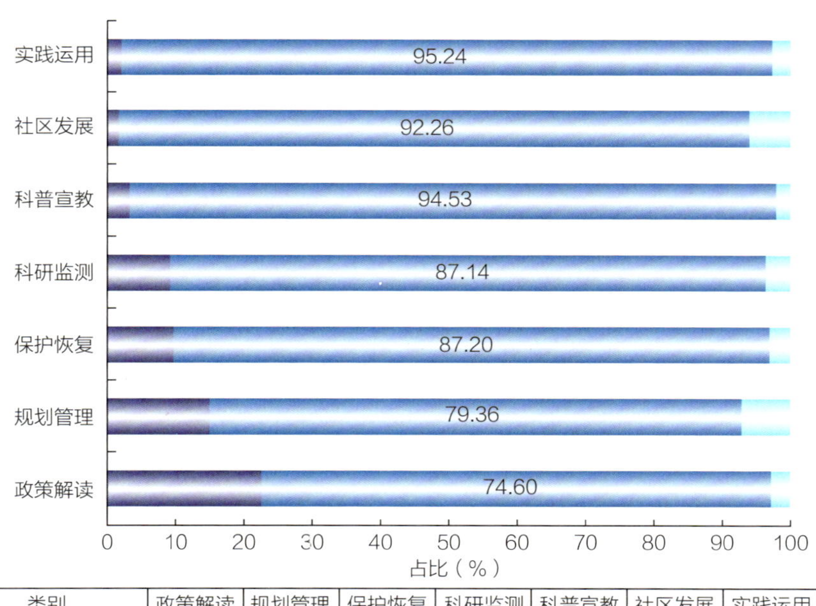

类别	政策解读	规划管理	保护恢复	科研监测	科普宣教	社区发展	实践运用
急需（%）	22.60	15.48	9.82	9.28	3.33	1.79	2.14
需要（%）	74.60	79.36	87.20	87.14	94.53	92.26	95.24
不需要（%）	2.78	7.14	2.98	3.57	2.14	5.95	2.62

图26　项目示范点受访者对培训类别的需求统计

别进行分析，受访者认为最为急需的培训内容是“政策解读”（22.62%），其次为“规划管理”（15.48%）、“保护恢复”（9.82%）、“科研监测”（9.28%）3个大类，其余3个类别的急需程度相当，基本都在2%～3%。

如果综合考虑“急需”和“需要”2个选择，所有七大类别之间差异性不大，但认为不需要“规划管理”和“社区发展”专题类培训内容的受访者数量在所有选项中得分略高，从中表现出自然保护地一线的工作人员的主要工作内容和关注点仍在湿地保护、科研等领域，对由管理层主导的规划建设以及与周边社区的互动和协同发展的关注度相对有限，有必要加强相关理念的引导和实践的推动。

进一步分析30个具体培训内容的调查结果（见图27），受访者普遍认为最急需开展培训的前3项内容分别是“国家湿地保护有关法律法规及政策解读”（27.38%）、“《湿地法》内容解读”（25.00%）和“湿地保护地巡护、执法程序与技巧”（25.00%）。

需求度排序在第二梯队（10%～16%）的选项包括“水鸟（及野生动植物）野外识别与调查技术”（16.67%）、“水鸟栖息地修复与重建技术”（13.10%）、“迁徙候鸟保护与栖息地的基础知识”（11.90%）、“湿地生物多样性保护的基础知识”（10.71%）、“湿地生态系统服务与价值评估”（9.52%）、“《湿地公约》履约、保护地管理等国际理念宣讲”（15.48%）、“湿地保护地数据库与信息系统维护”（13.10%）、“无人机等新技术在湿地监测与保护中的应用”（11.90%）。

受访者认为相对不需要的培训内容中，排名前三位的分别是“促进女性，尤其是女性村民参与保护并从中受益的方法、思路、好案例等”（11.90%）、“湿地保护地融资与项目周期管理”（11.90%）、“互花米草等外来入侵物种的治理方法”（10.71%）。

4个项目示范点受访者统计图显示，所有受访者都认为必须要包含的培训内容有3项，分别是：“湿地生物多样性保护的基础知识”“水鸟栖息地修复与重建技术”和“包含人员、设施、媒体的保护区宣教系统建设完善”。

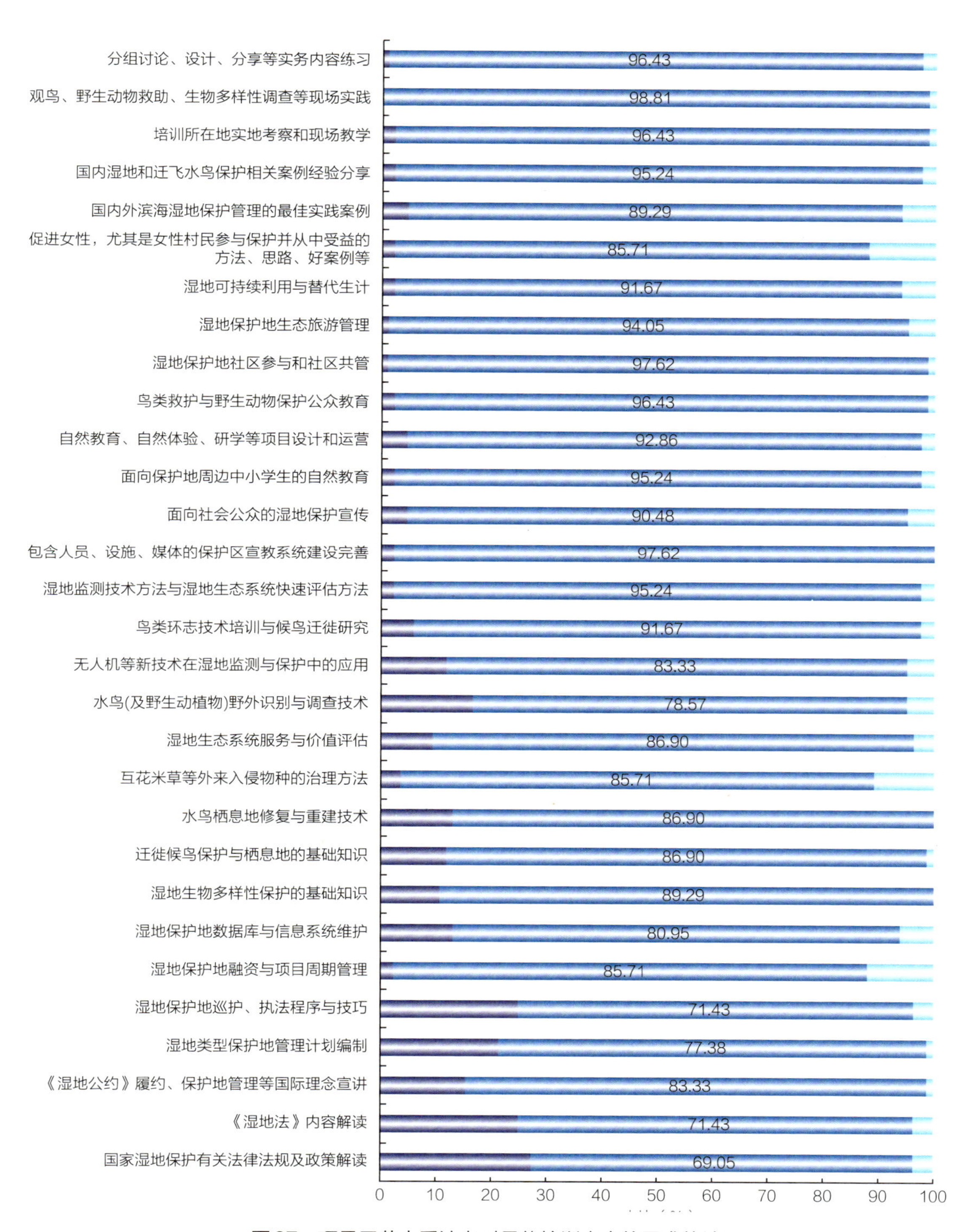

图27　项目示范点受访者对具体培训内容的需求统计

4. 其他建议

除了根据具体调研问题给予反馈，很多受访者还对培训开展提出了其他建议（见图28）。

图28　受访者对培训内容开展的其他建议关键词汇总

对于这个开放问题，最集中的建议是增加培训的实践性内容，具体包括“理论和实践环节结合”“与实际工作紧密结合”“在保护区现场开展培训”“组织现场考察学习”“增加培训的实用性”“与兄弟单位和保护区开展交流学习”等。

关于增加培训频率和系统性的建议也比较集中，有多位受访者提出希望实现“培训的常态化”，也有受访者进一步建议，希望不仅能“丰富培训的内容”“提高培训的频率”，让更多人能有机会参与培训，还建议“培训工作应当长期化、系统化，针对同一批人员，应当有一个3年左右的长期培训计划”“对于新入职人员和已经参加过基础培训的老员工，应该有不同的针对性的培训”。

对于具体工作内容的建议，集中在两个方面，一是湿地保护相关的基础工作技能方法，具体包括“湿地监测技术”“湿地生物多样性保护和合理利用”“湿地修复技术和案例”“湿地净化水质等生态服务功能的评估方法”“天空地一体化监测系统”“科普解说”“自然教育活动设计”“研学课程设计”“鸟类调查”“湿地保护修复设计”“湿地银行和湿地碳汇”等；二是与保护区管理相关的现实问题，具体包括“行政执法”“湿地规划”“自然保护地科研监测技术规程”“湿地征占用意见办理”“行政处罚的标准和执行”“滩涂、海域的管理政策和案例”“志愿者管理”“防火培训”“行政文书”等，这些需求值得在未来培训中予以重点考虑。

（五）组织形式

1. 时长和规模

培训的时长和学员规模，是组织培训的重要的考量因素，也直接影响培训的具体开展形式和培训效果。对于调查提供的4个培训时长选择，2类参访者的态度基本接近（见图29）。总体而言，受访者比较倾向于中短期的培训，“1～3天”和“4天至1周”分别获得41.98%和40.12%的选择。而选择“一个月或更长时间的线上学习”选项的人员仅占6.79%。比较两类受访者，来自项目示范点的受访者明显对培训时长的需求要高于林草主管部门，特别是对于1周以上的培训的接受度也更好，达到17.90%。这可能是因为他们之前接受的培训以保护地组织为主，且他们更关注实用性专业技能方法的培训，这些都需要有较长时间进行学习和实践，才可能达到更好的培训效果。而主管部门的受访者，可能因为工作内容比较复杂并繁重，较难协调太长的时间参加培训，因此可能更倾向短期的培训。

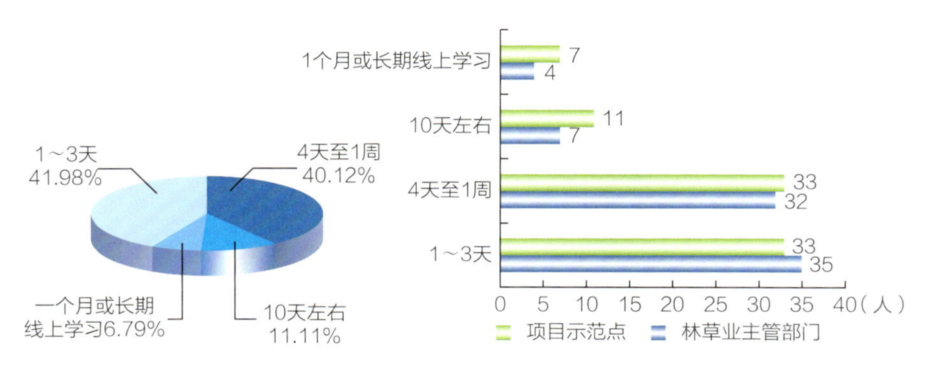

图29　理想培训时长调查结果统计

对于理想的培训规模，超过一半的受访者认为理想的方案是“20～29人”的中等规模培训，对“不超过10人”的小规模的选择最少，仅占5.56%。对比两类受访人群，项目示范点的受访者对各种规模的培训整体接受度相对均衡，对小规模培训的接受度要明显高于林草主管部门，这可能是受他们之前参与相关培训的经验影响（见图30）。

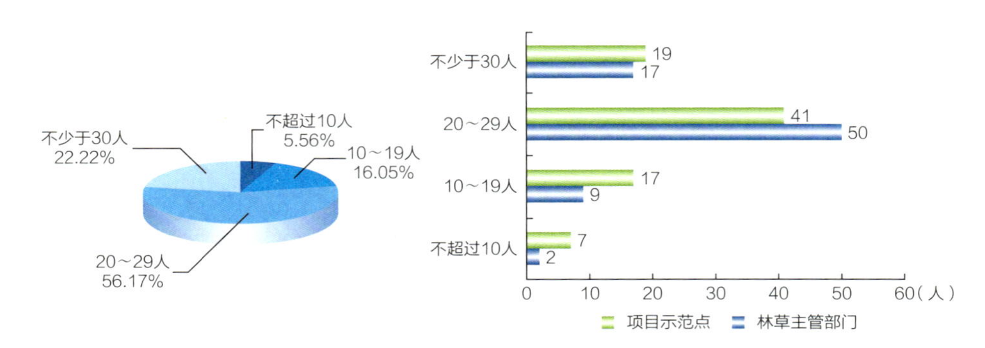

图30　理想培训规模调查结果统计

2. 培训方式

在所有的培训方式中，两类受访者的反馈基本呈现一致的趋势（见图31）。最受欢迎的是“室内授课和野外实习相结合”“实地参观学习”以及“野外实践传授技术”3项。“邀请专家讲课”也得到较高的认可度。“网络在线学

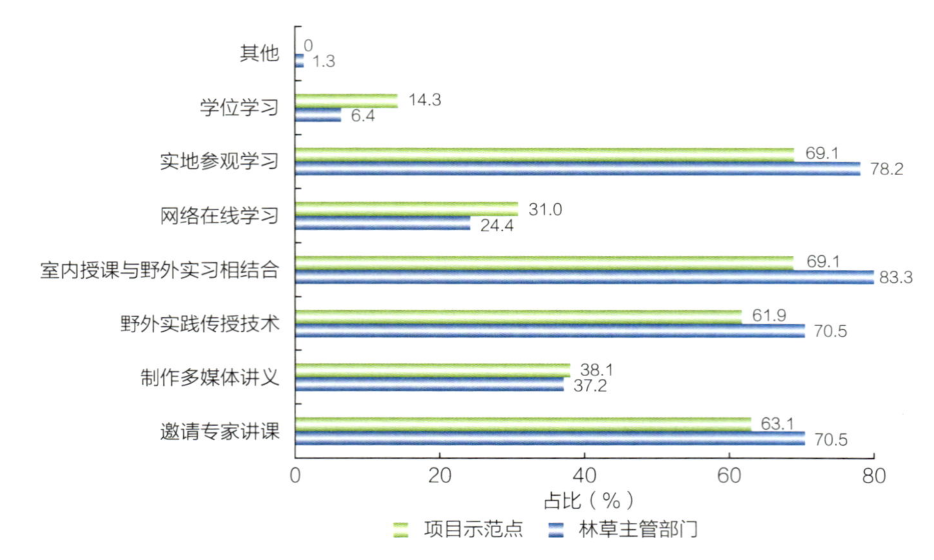

图31　理想培训方式调查结果统计

习”和“制作多媒体讲义”得到的认可度相对较低，仅占三成左右。另有少部分受访者选择了“学位学习”的选项，且项目示范点的需求要明显高于林草主管部门。

3. 参训回报

考虑到林草主管部门往往更多扮演培训的主办和联合主办方的角色，而项目示范点更多的是参与培训，因此针对这部分的调查问题分别进行了设计。

针对省级和地方林草主管部门的调查，关注在组织培训时可以提供哪些支持。结果显示（见图32），超过3/4的受访者选择“积极安排相关人员参与培训”，其次为“参与培训授课，分享自身工作经验或案例”，其余选项，包括提供行政和会务支持、参与组织或承办，以及推荐合作机构和兄弟单位人员参训的选择比率依次降低。这说明主管部门在培训组织上主要的精力和工作方式还是培训的发布、通知、召集等工作，其他内容更多需要发动合作机构和社会力量来共同完成。

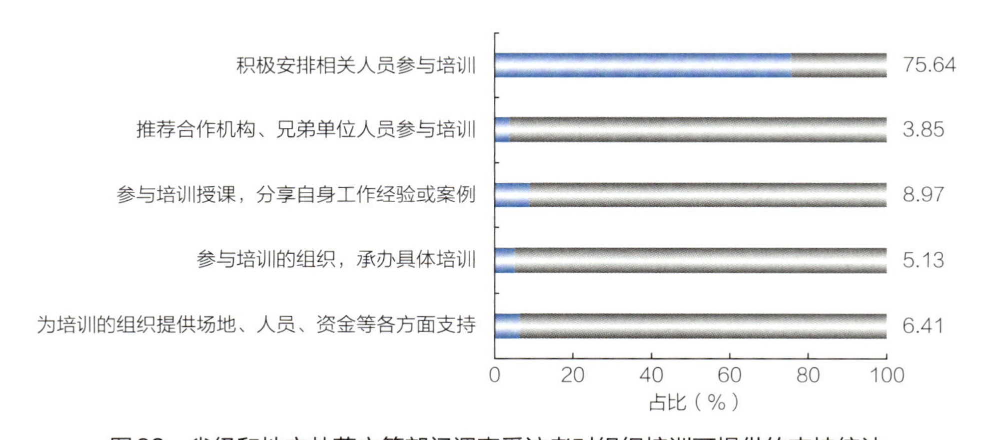

图32　省级和地方林草主管部门调查受访者对组织培训可提供的支持统计

关于组织培训时，可以提供哪些参训回报，调查结果显示（见图33），主管部门最愿意提供的参训回报是“将参加相关培训的时间、成绩纳入员工培养计划”，以及“给予培训优秀的员工进一步深造学习机会”两项，均超过50%。“将培训成绩纳入员工年度工作考核等绩效量化指标（29.49%）”和“将培训成绩纳入职称评定等晋升量化指标（23.08%）”也均有约1/4的选择率，如果能在未来工作中推动相关省（自治区、直辖市）或项目示范点开展试点，则有可能在后续行业培训中形成积极的示范效应。

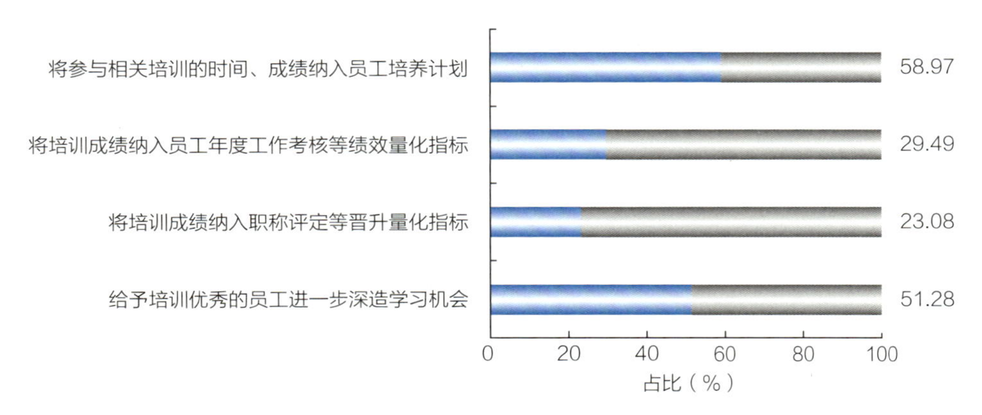

图33　省级和地方林草主管部门调查受访者可提供的参训回报统计

针对4个项目示范点的调查关注他们作为培训参与者的期待。结果显示（见图34），参访者对参训回报的需求度非常高，所有选项均高于50%，其中，需求最高的是“授予专业技能水平证明（67.86%）”和“授予培训结业证（64.29%）”，说明受访者最需要的还是专业能力上的权威认证。其次是“优秀学员给予深造学习机会（58.33%），体现了受访者对接受进阶和深度培训的强烈需求。“纳入年度工作考核等绩效量化指标（52.38%）”和“纳入职称评定等晋升量化指标（51.19%）也得到了很高的选择率。

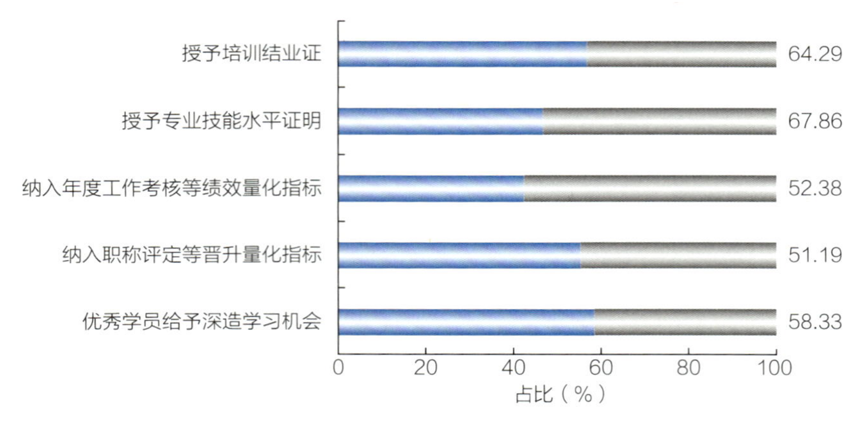

图34　项目示范点受访者对参训回报的期待统计

三、分析与总结

（一）培训内容

1. 目标人群

从培训受访者的基本信息统计分析可知，本项目开展能力建设培训的主要目标人群的性别比例基本持平，年龄结构相对合理，以31～50岁的占比最高，近3/4。且从数据分析结果看，受访者的受教育程度普遍较高——大学专科及以上教育背景受访者占所有受访者总数的96.3%。因此，相关培训的内容可以专注于专业性内容的设计和组织安排，无须过多考虑基础性知识在整体培训中所占的比例。

从各类岗位的从业年限分析看，受访者的从业年限总体不高，对于林草主管部门的调查结果显示，近一半的受访者从业年限低于3年。因此，针对此类人群的培训，应该加强行业基本政策规章解读、湿地和水鸟保护及保护地管理等整体知识构架方面内容的设计。另外，应该借助中高层管理人员从业年限长、经验丰富等优势，邀请管理部门和保护地的资深从业人员参与培训授课、分享经验和方法，可能起到积极的效果。对于项目示范点的受访者，从业年限的情况有明显差异，有超过四成的受访者从业年限超过10年，低于3年的仅为21.4%，这一数据表明，项目在未来针对此类人群的的培训中应更重视进阶性和深入系统的内容设计。

2. 优先次序

对于受访者培训需求的分析显示，最迫切需要的培训内容类别是“政策解读”和“规划管理”两大类，其次为“保护恢复”“科研监测”“科普宣教”3个大类，其余3个类别的急需程度相当。如果综合考虑“急需”和“需要”两个选择，所有七大类别之间差异性不大。

对于具体培训内容的急需程度，排名前五位的分别是：“《湿地法》内容解读”“国家湿地保护有关法律法规及政策解读”“湿地保护地巡护、执法程序与技巧”“《湿地公约》履约、保护地管理等国际理念宣讲”“湿地类型保护地管理计划编制”。

3. 培训的针对性设计

根据调查结果，针对不同目标人群设计培训内容时，有以下结论可供参考。

针对不同地区的培训应有不同关注点，其中，辽宁省的受访者更关注湿地保护地巡护、执法程序与技巧，以及湿地类型保护地管理计划编制等湿地管理的具体策略方法；山东省的受访者更关注湿地保护的基础知识和技能方法，包括湿地生物多样性保护的基础知识、湿地生态系统服务与价值评估、迁徙候鸟保护与栖息地的基础知识以及水鸟（及野生动植物）野外识别与调查等方面的内容；上海市的受访者更关注湿地保护地巡护、执法程序与技巧以及水鸟栖息地修复与重建技术；云南省的受访者更关注如何运用先进、有效的方法统筹、科学地开展湿地保护和管理工作，特别是大面积、大范围等比较复杂的情况，包括湿地保护地数据库与信息系统的维护、湿地类型保护地管理计划编制等。

针对不同岗位的培训应有内容上的侧重差异，管理岗位受访者更关注湿地保护地巡护、执法程序与技巧，以及湿地类型保护地管理计划编制等湿地管理的具体策略方法；技术类岗位受访者的需求集中在湿地保护和管理的具体技术方法上，包括湿地类型保护地管理计划编制，以及水鸟（及野生植物）野外识别与调查、水鸟栖息地修复与重建技术、无人机等新技术在湿地监测与保护中的运用等，体现了强烈的专业学习需求；普通岗位受访者的需求相对更为务实，集中在与自己日常工作相关的必备知识和技能方法上，具体包括湿地保护地巡护、执法程序与技巧和湿地生物多样性保护的基础知识等内容。

针对林草主管部门的调查结果显示，被受访者普遍认为最急需开展培训的前两项内容分别是“《湿地法》内容解读”和“国家湿地保护有关法律法规及政策解读”，结合我国《湿地法》于2023年正式出台的现状和湿地保护和管理工作亟须法制化、规范化的现实需求，充分反映出湿地主管部门对关键性、时效性问题的把握度。“湿地保护地巡护、执法程序与技巧”“《湿地公约》履约、保护地管理等国际理念宣讲”“湿地类型保护地管理计划编制”3项的得分相对较高，就某种意义上而言，这也反映了湿地保护和管理工作中常常会面对并难以解决的问题（巡护和执法技巧、规划编制），或大部分从业人员普遍存在的知识短板的情况（履约和国际经验）。“湿地生物多样性保护的基础知识”“湿地生态系统服务与价值评估”“湿地保护地数据库与信息系统维护”“水鸟栖息地修复与重建技术”排在第三梯队，反映了湿地保护恢复工作中一些关键性科学或技术方法的问题，解决此类能力的培养和提升，从保护区的专业化发展角度来看具有非常重要的意义。

反观被受访者认为不需要的培训内容，得分最高的是“互花米草等外来入侵物种的治理方法”，作为一种滨海湿地所面临的典型问题，其严峻性和紧迫性不具有普遍性意义，因此得分偏低。其次为“促进女性，尤其是女性村民参与保护并从中受益的方法、思路、好案例等”“湿地保护地数据库与信息系统维护”“迁徙候鸟保护与栖息地的基础知识”3项。性别平等和信息化两个选项可能对于湿地保护工作来说是相对较新的理念或技术方法，普及率和关注度不高。而迁徙候鸟保护与栖息地的基础知识，可能是作为一种从业基础能力，已经在持续开展相关培训继续深化的意义不显著，因而未被显著提及。

所有受访者都认为必须要包含的培训内容有4项，分别是：“湿地生态系统服务与价值评估”“培训所在地实地考察和现场教学”“湿地监测技术方法与湿地生态系统快速评估方法”“国内湿地和迁徙水鸟保护相关案例经验分享”，其中，除了第一项，其他3项的“急需”得分都较低，说明这是从管理者角度认为能力建设必不可少，并且目前已经在相关能力建设活动中持续开展的培训内容。

针对4个项目示范点的调查结果显示：最急需开展培训的前3项内容分别是“国家湿地保护有关法律法规及政策解读”“《湿地法》内容解读”“湿地保护地巡护、执法程序与技巧”，前两者说明受访者对我国《湿地法》新近出台及湿地保护和管理工作中法制化、规范化的重要性有一定的意识，但相对于管理部门受访者的调查结果，重要性的优势并不明显。对巡护、执法程序与技巧的培训需求，也体现了保护区一线工作的现实需求。

需求度排序在第二梯队的选项大部分是与一线工作直接相关的技能方法类的培训内容，包括“水鸟（及野生动植物）野外识别与调查技术”“水鸟栖息地修复与重建技术”“迁徙候鸟保护与栖息地的基础知识”“湿地生物多样性保护的基础知识”“湿地生态系统服务与价值评估”5项培训内容，以及相对较为前沿且现有团队普遍存在能力需求的技术方法，包括“《湿地公约》履约、保护地管理等国际理念宣讲”“湿地保护地数据库与信息系统维护”“无人机等新技术在湿地监测与保护中的应用”3项培训内容。

反观受访者认为相对不需要的培训内容中，排名前三位的分别是“促进女性，尤其是女性村民参与保护并从中受益的方法、思路、好案例等”“湿地保护地融资与项目周期管理”“互花米草等外来入侵物种的治理方法”，同时，这三个选项的“急需”程度也是相对偏低的。虽然互花米草治理是非普遍性的问题，但入侵物种危害其实是我国大量自然保护区普遍存在却没有得到充分重视的问题。排名前两位的选项，说明保护地一线的工作人员相对更关注自身业务和核心保护工作等领域，对性别平等缺乏关注甚至基本的理解，而项目融资和周期管理可能被认为是管理层的职责，与一线工作人员的相关性不强，这些认知上的差异，可能应该在未来的培训设计中予以重视。

4个项目示范点受访者统计显示，所有受访者都认为必须要包含的培训内容有3项，分别是：“湿地生物多样性保护的基础知识”“水鸟栖息地修复与重建技术”“包含人员、设施、媒体的保护区宣教系统建设完善”，其中前两项的“急需”得分也相对较高，说明这是对于一线工作人员来说普遍认为需要具备的基本从业能力。自然教育近年来的快速发展，也让很多一线人员看到了开展相关工作的必须性，并产生明确的培训需求，但与传统的保护工作内容相比，在紧迫性（急需程度）上的得分偏低。

4. 需求比较

比较针对省级和地方林草主管部门以及针对项目示范点的调查结果，可以看到两类不同的受访者在培训需求上的共性和差异。

（1）急需性

从受访者对培训内容急需性的反馈看，两类人群对不同培训内容的急需性总体趋势呈现一致（见图35），但是对于“政策解读”类内容的急需性，主管部门受访者的需求要远远高于项目示范点，这既反映了他们对于政策制度和管理的敏感性，也从另一个角度反映出之前基层的培训在相关内容上可能略为缺乏，使得受访者对相关内容的敏感性和关注度都偏低。在“科普宣教”“社区发展”“实践运用”3类培训内容中，项目示范点受访者所反馈的需求程度也相对偏低，这可能是由于他们的日常工作相对具体并聚焦，对自然保护地工作的新内容和方法不够熟悉，也不是非常关注，而这些恰恰是我们需要在未来培训中有针对性地加以设计的内容。项目示范点受访者对“科研监测”类培训内容的急需程度要高于主管部门，这也反映出一线工作者对增强自身专业能力，特别是对科学开展保护工作能力的期待，但是此类培训的组织和设计难度相对略高，往往很难通过单纯的讲座形式实现培训目的，需要将其和实践、考察等环节结合设计并开展，最好还能和自然保护地的驻点科研团队开展周期性、阶段性的合作，才能更好地实现能力建设的目标。

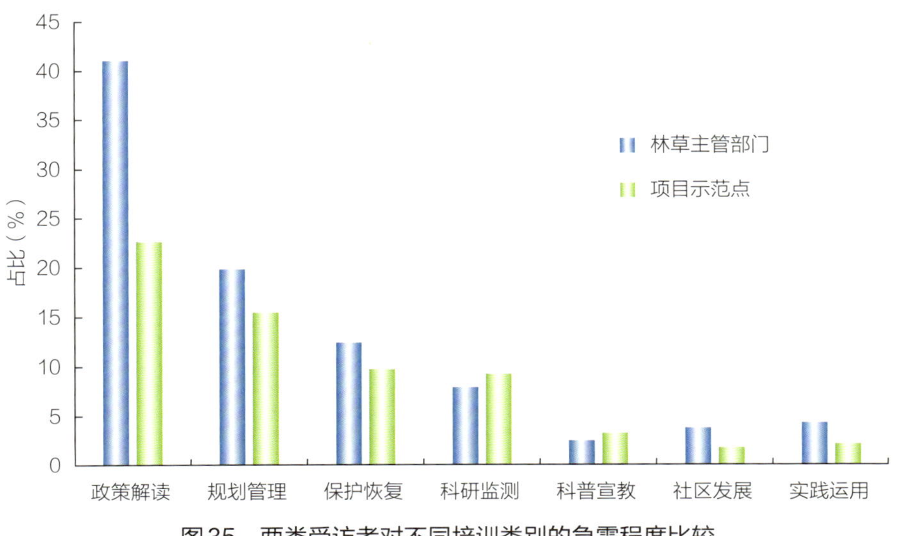

图35　两类受访者对不同培训类别的急需程度比较

（2）非必要性

从受访者反馈培训的非必要性（“不需要”选项）看，两类人群对不同培训内容的非必要性评价的有较明显的差异（参见图36）。除了“保护恢复”类别的培训内容，项目示范点受访者对其余6种培训类别的非必要性评分都比林草主管部门的评分要高，说明一线工作人员的关注点主要还是在自身的直接业务相关领域，对于对整体工作开展的方向和策略非常重要的政策解读的敏感度不够高，对于规划管理类工作和自身的相关性可能尚未完全建立。对于科研监测类内容，受访者可能认为更多依赖外部科研团队完成，因而不认为有太高的培训必须性，而并非因为认为其不重要。但对社区发展类内容的不关注，则很可能是该领域工作确实未进入主要的工作职责范围内，因而缺乏基本认知和关注所致。

两类受访者普遍认为实践运用类的培训内容的非必要性最高，这可能是因为既往培训中较少涉及此类内容，他们对此类内容设计的具体开展形式、设计目标等都缺乏感性的理解和直观的认识，因而表现出较低的认同度。

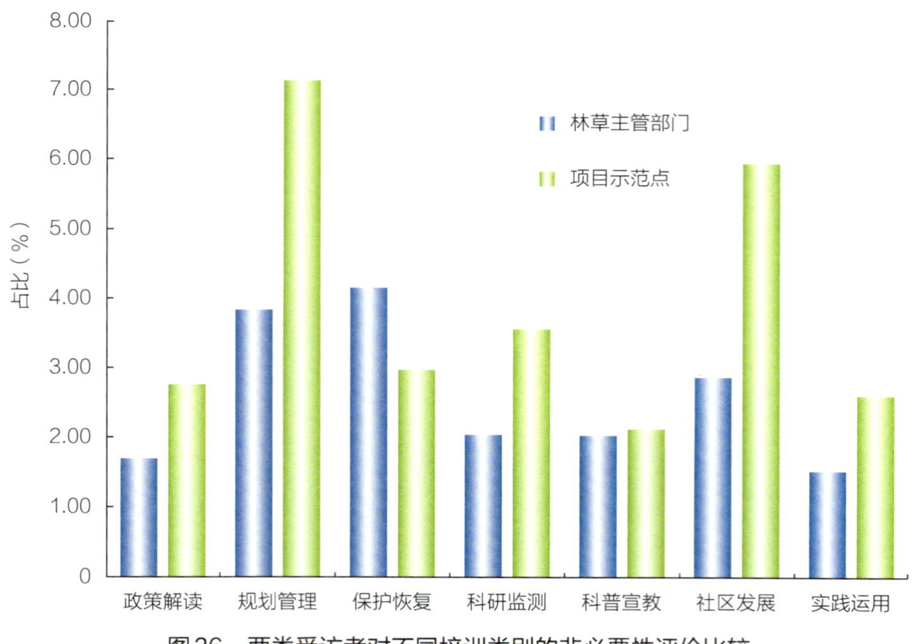

图36　两类受访者对不同培训类别的非必要性评价比较

5. 培训内容设计的侧重点

具体到30个培训内容，比较两类目标人群的调查结果中的差异（见图37），分析如下。

项目示范点受访者对“政策解读”类内容，特别是“《湿地法》解读”等具有实效性和特殊重要性的内容，也表达了认同，但敏感度不及主管部

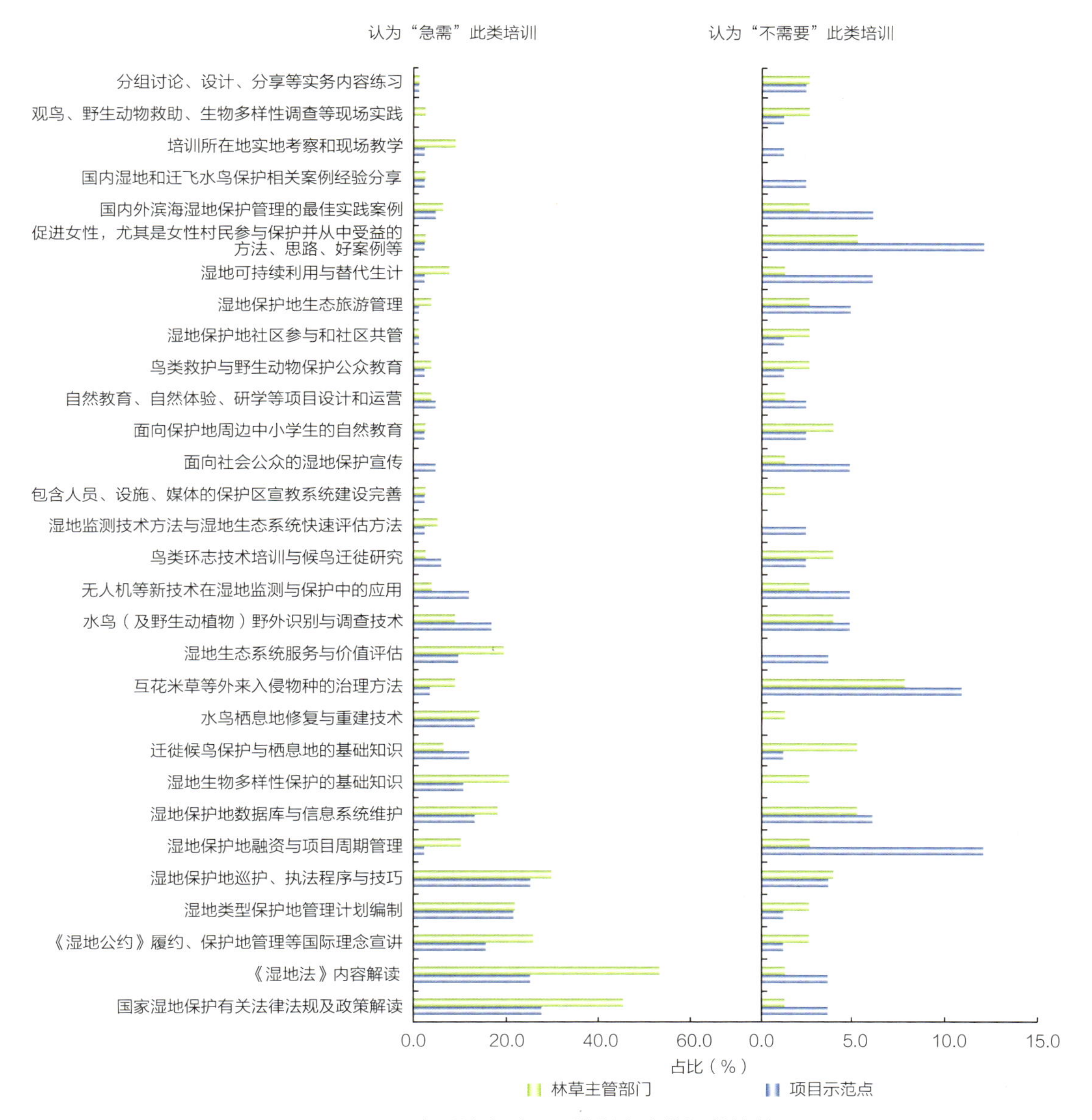

图37　两类受访者对不同培训内容的评价比较

门，且认为此类培训“不需要”的受访者比例也明显高于林草主管部门。这恰恰说明在未来培训中需要着力补充这部分内容，但更要注重培训形式的优化，尽可能避免单纯的理论讲授，而更多以理论结合实践的“解读”、案例分析等形式开展，以达到更好的培训效果。

“规划管理”类别中，自然保护区的传统核心工作，如湿地类型保护地管理计划编制，湿地保护地巡护、执法程序与技巧被普遍认为急需且重要，但涉及筹融资和项目管理、数据库的应用等新的理念和技术方法，可能受限于大部分自然保护区的机构性质和管理模式，项目示范点受访者普遍认为其重要性和必要性都相对较低。未来如果开展相关培训，可能要先从扭转相关认知，多用方法和案例说话的方式着手，而不是直接切入具体的技术方法等应用型内容。

“保护恢复”类别是在既往培训已经成为“规定动作”并持续开展的内容，但作为工作的基本能力需求，其培训的必要性依然得到肯定，但也有一定比例的受访者选择“不需要”，可能是出于对培训内容不需要过多重复的一种提醒。因此，未来培训中知识性内容培训要注意进行细化的设计，通过专题式、进阶式等方法开展，并且尽可能和科研监测等内容整合设计，还应该与实践运用结合，不要反复重复基础性的讲授内容。

“科研监测”类别中，能够直接服务于一线保护工作的内容，如鸟类（及野生植物）野外识别与调查技术、鸟类环志技术培训与候鸟迁徙研究、无人机等新技术在湿地监测与保护中的应用等，出现了“急需”和“不需要”得分都相对较高的情况，特别是对于项目示范点的受访者，一方面表现出了受访者更高的热情和需求，但与此同时认为这些内容“不需要”的受访者比例相对也更高，这可能是因为一线工作人员有明确的职责分工，大部分受访者主要关注与自己工作相关的领域，对跨部门、跨领域技能方法的关注和现实需求不高。与此同时，湿地监测、生态系统服务与价值评估等更多需要依靠专业科研团队来完成的工作内容，项目示范点受访者的急需程度也相对较低。因此，在未来的培训中，技术类的内容设计要注意有的放矢，可以通过开展定制化的培训设计和系列培训开展的形式，对不同目标人群进行定向式培训，并且尽可能和具体的监测、研究工作结合起来，使得所学有所用。

对于“科普宣教”类的培训内容，总体表现为既不急需，但也并非“不需要”，这和近年来自然教育工作在自然保护地日常工作中重要性日渐提高，但依然没有进入主流和关键工作领域的现状息息相关。虽然其必要性已经得到广泛认同，但相比其他本职工作的重要性和优先性很难建立。未来的培训应该在此类内容设计中更强调对实际应用能力的培养，不仅仅是单纯的介绍理论方法，更多的是分享案例，并鼓励保护地开展自我设计和团队培育，并尝试组织开展相关的活动，探索通过自然教育提升保护地社会影响，甚至吸引多元社会资源用于支持保护的可能路径。

“社区发展”类内容的调查结果总体表现为不急需，甚至完全不需要的评价结果，这说明这部分工作虽然在国际上是自然保护地工作的重要内容，但在我国，既没有在制度和要求上进入核心工作范畴，也没有在实践中提供充分的方法支持，因而未产生明显的社会影响。未来在这一领域的培训，应该更多从保护地实际出发，寻找可能通过社区参与等路径反哺保护目标实现或优化保护管理成效的方法路径，而不仅仅是介绍理论或与保护地工作现实距离较远的其他案例经验。

对于“实践运用”类内容，两类受访者普遍表现出不急需，甚至不太需要的态度。其中，林草主管部门受访者对各类案例分享、培训地点的现场教学表现比较认同，但项目示范点受访者对案例分享则没有明显的兴趣或热情，这很可能是因为之前的很多案例分享，或因内容限制，或因培训方式限制，很难让被培训者建立和保护区自身工作之间的关联性和可借鉴性，因而没有产生明显的积极影响，在未来培训中对此类内容的挑选和设计需要更具针对性和实效性。此外，两类受访者都对分组练习、现场实践的环节没有表现出明显的需求，这可能是受既往培训范式的影响，以及有限培训时间的制约，作为一种更能促进有效学习的培训方式，应该在未来培训设计中予以强化和优化。

（二）培训组织

1. 培训形式

最受欢迎的培训组织形式是“室内授课和野外实习相结合”“实地参观学习”“野外实践传授技术”3项，说明大部分受访者还是更期待能够丰富培训的形式，增加培训内容的实用性。“邀请专家讲课”也得到了较高的认可度，说明邀请在相关领域有一定权威度和影响力的专家进行专题讲授，也是很好的培训方式。“网络在线学习”和“制作多媒体讲义”得到的认可度相对较低，仅占三成左右，虽然在疫情常态化的现实背景下，这是无可避免的选择和趋势，但如果有可能，创造面对面的培训和学习机会更有助于提升培训的效果，也更符合受访者的预期。另有少部分受访者选择了“学位学习”的选项，且项目示范点的需求要明显高于林草主管部门。这可能是由于一线从业者的平均受教育程度相对略低，更有进一步学习和提升的需求。但毕竟学位学习是一个系统而且耗时的工程，无论是组织的复杂性，还是完成学业的难度，都可能影响很多受访者的选择。但是从这个角度来看，如何让培训学员更好地从培训中获益，是值得培训设计者考虑的问题。

2. 参训回报

传统的培训往往以老师完成授课和学生确保出勤作为主要管理和组织任务，这种方式对于确保实现培训目标，特别是让培训所学能直接运用于未来的工作领域，是很大的挑战。为了更好地提升培训效果，设置一定的正向激励机制，特别是对培训期间表现和成绩的正式认可，以及培训结束后与培训学员之间的持续互动，都不仅能激励学员更积极地将培训所学运用于后续的工作中，更能鼓励他们持续地在工作中进行自我学习和不断提升，以真正实现持续提升个人能力的目标。因此，有的放矢、投其所需的参训回报设计很有必要。培训组织设计中应增加参训回报等正向激励的内容，包括颁发培训证书，且最好能明确具体培训内容，使证书能赋予一定的专业技能认证的功能。结合林草主管部门的积极态度，考虑尝试将参加培训以及培训期间的表现、成绩纳入员工培养计划、年度考核指标以及晋升指标，是下一步提高个人能力建设有效性值得探索的方向。另外，结合系统化、进阶性的培训设计，给予优秀学员进一步持续深造的机会，也是人才培优的一个有效渠道。

3. 培训时间

大部分受访者倾向于1周内的中短期培训——特别是3天左右的培训，从组织和参与来说都更具有可行性，对于面向行业，进行基础湿地保护和管理知识普及为目的的培训更为适宜。考虑到大量受访者也提出希望增加实践性的内容，4天以上、1周以内的培训也是可以重点考虑的形式，但需要注意，培训规模不宜过大且内容上应设计更多理论和实践结合的环节，进一步提升培训的实效性。

4. 培训规模

大部分受访者倾向于20～29人的中小规模培训，这对于进行具体的湿地保护技术方法的讲授，特别是配合实践性环节的培训，更容易组织开展，并确保每个学员都能充分得到关注，获得锻炼和学习的机会，也更有助于学员之间的交流合作。但是小规模培训的组织无论是人力还是资金成本都相对偏高，对于面向行业的、基础性的、以专题讲授为主要形式的培训，可以考虑以30人以上更大规模的方式开展，以提高培训效率。

（三）优化建议

1. 根据不同培训目标和主办机构的差异化进行设计

调查分析显示，不同主办机构、不同培训目标、不同培训对象的培训的内容设计应有所差异，才能达到最佳的培训效果。由国家或省级层面组织的培训，面对更广泛的行业从业者，主要是开展最关键、最具有时效性、最重要或最具有普遍性意义的行业制度、规章、技术、方法的培训，一般培训规模较大，人数较多，形式上以专题讲授为主，辅以适当的考察和现场教学环节。而地方或保护地组织的培训，可以更为聚焦所在地湿地保护和管理面临的具体而紧迫的问题，规模较小，组织形式上可以更为灵活，更多地设计现场调查、实践运用、分组讨论等学员主动参与的形式，同时也可以促进学员之间开展交流学习，为未来在工作中的进一步互动奠定基础。

2. 培训的系统化、针对性设计

面对项目重点省（直辖市）和项目示范点培训需求的差异性，以及行业从业人员在年龄、学科背景、岗位、职责、行业需求上的明显差异，未来的培训设计不应该单纯是一套标准化方案，而更应该是系统化的、针对性的设计。在与林草主管部门合作开展的培训中，应该提高站位，把具体的湿地科学、技术、方法等内容上升到保护地和项目管理、行业发展、时代主流、基本国策的层面。而面向项目示范点和一线工作人员的培训，应该突破概念层面的培训，多提供具体的实践案例，建立基本的认知和认同感，从感性理解到理性实践触动，从而推动赋能过程的实现。

在全国、行业、省（直辖市）各层面的普及性培训的基础上，最好能设计一个2～3年的系统性进阶式培训计划，即根据不同的地区、岗位进行针对性的培训。越是进阶程度高、针对性强的培训，规模可能更小，持续的时间也可能更长。项目应该鼓励和支持保护地自身开展培训，这种培训可以更聚焦在具体业务层面，组织形式也可以更为灵活，可以是一个中长期的集体共学计划，比如，每周一次集中学习，并留下课后实践任务，定期在团队内开展交流分享。这种培训结合保护区全员或GEF项目层面——国家级、省级层面组织的内容更聚焦在政策管理、科研技术方法等方面，可能使员工能力建设达到更好的效果。

3. 强化实践、参与、分组练习等培训方式的应用

从调查结果看，大部分受访者之前参与的培训是以专题讲座形式为主，现场考察、学习的比例很少，分组练习、讨论等形式几乎没有，大部分的学习是相对比较被动接受的形式，受访者的主动学习机会较少，个人的参训体验一般，效果也相对有限。与此同时，对培训需求的调查显示，无论是在具体选项还是开放式的问题中，更被期待的培训应该是以理论结合实践、保护地考察、现场学习和实操、增加学员主动参与和学习等形式，同时增强此类

培训的针对性和内容深度，以小班、系统培训的形式设计和开展，而这既是GEF项目开展培训的既有经验和优势，也是可能与官方培训形成互补的机会。

4. 优化在政策、管理、保护、科研等内容类别培训的专业设计

在七大类培训内容类别中，相对处于被需求程度较高的4个类别，同时也是既往培训中已经持续开展的内容，未来的培训应该更多地考虑如何在相关选题之下，优化培训的具体形式和方法，提升此类培训的有效性。根据本篇中“二、调查结果”下的“（四）内容要求”，“政策解读”类内容的培训要避免过度理论化，尽可能与具体湿地保护和管理的案例、问题相结合，用新的政策来解决一线工作面临的具体问题，如大家广泛关注的行政执法、湿地征占用、滩涂和海域管理等。“规划管理”类内容的培训要更多地与一线工作结合，不仅仅是讲广义上的理论方法，更多的是讲系统专业的规划管理，包括如何利用数据库、无人机等新的科技方法更好地指导和服务于具体的保护工作。“保护恢复”类的培训要注意理论结合实际，用更多案例来讲解和指导一线湿地保护恢复工作的开展，也可以更多在进阶式、专题式的培训中进行深入讲授。“科研监测”类内容的培训要侧重理论和实践的结合，除了讲授科学方法，更多的是分享在实践中如何运用这些科研成果或者技术手段，让保护工作更为有效，从而激发一线人员的学习兴趣和实践主动性。

5. 补充社区参与、宣传教育等方面的内容培训

“宣传教育”和“社区参与”是七大培训类别中“急需”得分相对较低的选项，但具体到得分较低的原因，两者又有其差别性。

“宣传教育”的“不需要”选择比率很低，属于不急需但是有明显必要性的工作，并且在具体的培训需求，特别是开放性题目的回答中，有多位受访者提到了自然教育、宣教解说、研学教育等关键词。因此，在未来的培训中，宣传教育的内容设计应更多地结合实践，不仅仅是介绍宣传教育的重要性，更重要的是讲解怎么做好宣传教育，将其变成自然保护地面向社会，宣传保护，甚至创新探索自然保护地自我发展、自我管理并且提供社会化服务功能的有力方法，给自然保护地提供更具有操作性的方法和路径。

“社区参与”的调查结果显示，很多受访者认为其是属于既不急需也不必要的培训内容，而这又恰恰是GEF项目甚至国际化自然保护地管理的重要内容，因此这一类别的培训内容不仅要设计，还要从基础性的认知着手，先让大家理解社区参与的必要性、重要性，然后提供具体的案例和方法，让大家可以从尝试做起，再慢慢推动该项工作逐渐朝系统化、深层次的方向开展，以取得实效。

6. 探索其他提升培训有效性的方法

无论是对既往培训的情况调查和总结梳理，还是对未来培训的期待分析，受访者的反馈基本上属于一种被动的被组织参加培训的状态，虽有一些具体的培训期待，但对于培训组织、培训内容等方面的认识还很大程度地停留在常规培训的范式思维上，这种观念也反映在对调查问卷的反馈信息相对比较简单，大部分主观题的回答率很低，并且缺乏深入的思考上。从中也可

看出，培训的成败重要的是如何激发学员的自主性，激励他们主动地参与学习，并通过培训形成一种团队共学、持续学习甚至终身学习的态度，才能真正实现能力建设的目标。为此，除了根据调查结果有针对性地开展培训设计和组织，也要着力考虑提升培训有效性的方法，特别是参训回报的设计。建议培训对学员的要求应不仅停留于单纯的出勤和完成培训任务，还应该颁发培训证书，并在其中明确培训的具体内容，使之具备一定的职业能力认证的“含金量”。此外，因为很多林草主管部门也表达了愿意在员工激励机制中给予支持的态度，所以建议GEF项目可以在项目示范点推动将试点培训的成绩纳入员工培养计划、年度工作考核等绩效量化指标，条件成熟时甚至可以推动将其纳入职称评定等晋升量化指标中。与此同时，通过项目平台和系统化能力建设机制的建立，为在培训活动中表现突出的人员持续提供进阶培训和深造的机会也是开展人才培优的有效途径。

下篇

能力发展计划

一、定位和原则

GEF项目的能力建设工作，应该有清晰的目标功能定位和设计原则。作为一个有明确保护目标和工作领域的国际合作型项目，GEF项目的培训不需要面面俱到，兼容并包，而应该立足项目目标，着眼行业发展现状和需求，进行有针对性的设计和组织，体现出项目优势和特色，弥补行业现状的空缺，实效赋能项目示范点、合作机构和整个行业能力提升。

具体而言，GEF项目能力建设工作应该考虑以下几个基本原则。

（1）避免泛泛而谈，聚焦湿地和迁徙水鸟保护主题。

（2）针对性设计，着眼4个项目示范点现状和具体培训需求。

（3）撬动影响力，通过与林草主管部门合作培训实现行业赋能目标。

（4）查漏补缺，着力强化其他培训中相对着力较少的参与式、体验式培训方法。

（5）对症下药，培训内容、推荐案例要对本项目关注的问题具有可借鉴性。

（6）实践运用导向，培训所学要尽可能能直接运用于保护地日常管理工作。

（7）平台思维，不仅直接服务于保护地，也关注相关研究机构、社会组织的能力需求，并通过培训平台推动潜在的未来合作。

二、组织主体和目标人群

GEF项目的能力建设工作，从组织主体、GEF项目所扮演的角色、培训对象的主要人群界定等角度分析，有以下几种不同的类型。

1. 以GEF湿地和迁徙水鸟项目为主体的培训

主要培训对象为4个项目示范点的相关工作人员，项目示范点所在地林草相关部门、机构，项目示范点合作机构等。此类培训主要聚焦项目示范点在湿地和迁徙水鸟保护上面临的具体问题和能力建设需求，具有鲜明的针对性和定制性，培训专题的设定相对更为具体，也会通过更多项目示范点之间的交流和分享来探讨具有共性问题的解决方案。此类培训规模相对中等，在内容上以理论为基础，但更多是实践运用类的内容和方法，能够将GEF项目关注的湿地和迁徙水鸟保护的先进理论和实用性技术方法进行系统、深入的培训，精准对焦，是实现GEF项目能力建设目标最重要、也最主要的实现路径。

2. 以国家林业和草原局湿地司、国际湿地公约履约办公室等相关行业主管部门，或地方性相关行业主管部门和机构主办，GEF项目提供资金和技术支持的培训

培训对象主要是全国或相关省（直辖市）的湿地和迁徙水鸟保护行业从业者，以保护区和相关部门员工为主，内容更侧重自然保护地管理的基本政策、规章、理论、方法等，属于基础性、综合性的从业能力培训。其中，地方政府主办的培训可能在内容上更聚焦本地湿地和迁徙水鸟保护面临的具体问题，以及地方性政策规章的解读。此类培训的规模一般较大，授课形式以专题讲座、室内授课为主，条件允许的情况下可安排适当的现场教学内容，形式以参观学习为主。通过参与此类培训，可以将GEF的项目理念和方法，包括国际先进经验和项目在国内项目示范点开展工作取得的成果以理论结合案例的形式向参会人员分享，是一种将GEF项目成果快速传播并赋能行业的有效手段。

3. 以湿地和水鸟保护专业的国内外机构为主办方，结合特定保护或研究项目的实施需求，GEF提供资金和技术支持的培训

培训对象一般为具有明确技能需求的特定专业人群，如水鸟同步监测项目启动前的标准化监测方法培训、湿地和生物多样性资源调查前的专业培

训、自然教育和环境解说等相关专题的培训、社区调查和性别平等等专题的培训。此类培训具有鲜明的项目背景和项目目标需求，内容也相对具体，并且往往以技能方法的运用为主，强调实用性和规范性。

通过参与此类培训，可以输入GEF项目在特定专业领域的经验方法和专家智库资源，同时支持到某些具体项目目标和产出的实现（如水鸟同步调查、社区调查和宣传、公众和青少年教育项目、性别平等等）的执行和开展等，还能在此过程中着力观察、发现和培训可能支持到项目实施开展的潜在合作机构或人才，特别是支持4个项目示范点开展具体项目工作，弥补地方上特定专业人才和机构不足等。

三、内容框架

基于IUCN对于自然保护地开展能力建设的若干原则性要求和指引，根据本项目能力建设专家对项目培训需求的调查分析，以及相关行业培训调查和分析的结果，结合项目“知识－态度－实践”（KAP）基线调查报告，对GEF湿地和迁徙水鸟项目未来开展能力建设的内容进行如下框架设计建议（表13）。

表13　GEF湿地和迁徙水鸟项目能力建设设计框架建议[1]

培训类型	主导部门	目标人群	形式和规模	主要培训内容分类									
				理论方法							实践运用		
				政策解读	建设管理	保护恢复	科研监测	科普宣教	合理利用	社区发展	案例分享	现场教学	小组实践
全国性或迁飞区相关行业培训	国家林业和草原局湿地司等相关部门主办，GEF等组织机构协助	全国湿地保护行业从业人员、相关研究机构、社会组织从业人员，以管理层为主	理论授课为主。对行业政策规章、核心理论方法全面讲授，是行业基础工作能力的全面培训，宜适当结合案例分享和现场教学。规模一般较大，在100～200人，频率为项目期内每年2次左右	★★★ 此类培训最重要，也是相关行业培训中最具有权威性的内容，能够把握最新行业政策动态和趋势，提供权威解读	★★★ 此类培训中的重要内容，往往可以结合保护地规划建设管理的相关制度规章，进行系统深入的解读，引导一线工作的规范开展	★★ 体现湿地和迁徙水鸟保护工作核心目标的业务内容，也是所有从业人员所需具备的基本专业素养，通过此类培训介绍基础性内容	★ 体现湿地和迁徙水鸟保护工作专业性的重要内容，也是目前很多自然保护地缺乏的能力，有必要对所有从业人员进行基础性业务培训	★ 近年来相对得到行业和社会多方关注的内容，不仅有助于传播保护理念，引导社会关注和参与，更有可能从发掘保护地社会功能角度体现更大的现实意义	★ 相对以往而言较少关注或涉及，但在一线工作中普遍出现的挑战和问题，一般可结合政策解读、案例分享等环节的内容有所涉及	★ 相对以往而言较少关注或涉及，但近年来通过国际合作项目的推广、结合一线工作面临的具体挑战，逐渐得到重视。一般与案例分享或现场教学等内容结合	★ 此类培训中可以设计的环节，能更好地阐释理论部分内容，但出于人数、规模、安全等考虑，不宜复杂或冗长	★ 此类培训中可以设计的环节，能更好地阐释理论部分内容，但出于人数、规模、安全等考虑，以讲解、演示、轻体验为主	一般不涉及

① 表格中的★表示该内容在此类培训中的重要性和优先次序，其中，★★★表示非常重要，★★表示较为重要，★表示重要性一般；如无，则表示该内容在此类培训中非必须涉及。请注意这里的重要性仅针对该具体类型的培训，并非在整个GEF湿地和迁徙水鸟项目能力建设工作中的绝对重要性，更不代表整个项目或行业培训的重要性建议。

（续）

培训类型	主导部门	目标人群	形式和规模	主要培训内容分类									
				理论方法							实践运用		
				政策解读	建设管理	保护恢复	科研监测	科普宣教	合理利用	社区发展	案例分享	现场教学	小组实践
省级行业培训	省级林草主管部门主办，GEF等组织机构协助	本省份湿地保护行业从业人员、相关研究机构、社会组织从业人员，兼顾管理层和一线人员	理论授课为主。相对聚焦当地湿地和迁徙水鸟保护面临和关注的具体问题，宜适当结合案例分享和现场教学。规模一般中等或较大，在100人左右，频率为项目期内每年2～4次	★★ 此类培训中相对重要，也是对行业从业者来说普遍需要学习和加强的相关专业认知和基本能力素养	★★★ 一线工作面临的重要问题，且以往在培训中相对重视不足，并引发了一定现实问题，亟须通过培训提高认识，提升能力	★★★ 一线保护工作面临的难点问题，且往往缺乏平衡性的解决方案，亟须培训提升认识并提供解决问题的思路和案例借鉴	★★★ 一线保护工作面临的难点问题，缺乏持续深入开展的机制和动力，亟须培训提升认识、拓展思路并提供实践路径建议	★★ 近年来相对得到行业和社会多方关注的内容，且面临较多社会发展的机遇，亟须通过培训拓展思路并提升能力	★★ 一线保护工作面临的重要问题，有现实社会发展需求，但缺乏理论方法指导，亟须通过培训提供科学合理的路径和方法指引	★ 一线保护工作中日渐凸显重要性的问题，如处理不当还可能升级，但又缺乏成熟经验和方法，亟须通过培训提供思路和方法	★★ 此类培训中有必要开展针对性设计的内容，应能有代表性地反映当地湿地和迁徙水鸟保护的普遍性和典型性问题解决方案	★★ 结合培训主题、培训内容和案例分享等环节综合设计，着力提供湿地和迁徙水鸟保护的普遍性和典型性问题的可借鉴解决路径	一般不涉及

（续）

培训类型	主导部门	目标人群	形式和规模	主要培训内容分类									
				理论方法							实践运用		
				政策解读	建设管理	保护恢复	科研监测	科普宣教	合理利用	社区发展	案例分享	现场教学	小组实践
面向项目示范点的专题培训	GEF项目办、保护区管理机构联合主办，上级林草主管部门指导	保护区工作人员，相关研究机构、社会组织人员，兄弟保护地工作人员。原则上应参加过国家级或省级培训，并尽可能惠及保护区所有部门	理论结合实践。原则上不重复其他类型培训的相关内容，以更强调参与式学习的实务培训形式为主，更多是对理论内容的消化、吸收、运用，并通过团队合作等形式强化培训内容对实际工作的帮助意义。以小规模为主，在30～50人。频率为项目期内每个项目示范点每年1次	★★ 可在已有行业培训基础上，更多采用规章条目和案例解读结合的形式，并安排参会人员和专家的交流，通过结合现实工作问题，提供政策抓手和规范性解决问题的思路方法	★ 此类培训内容应更多聚焦于4个项目示范点在建设管理上面临的具体问题，如相关规划的解读，具体建设规划方案的介绍、梳理，以及管理中具体问题的讨论、分享等	★★ 此类培训内容应更多聚焦于4个项目示范点在保护恢复工作中面临的具体问题，如生物多样性保护、旗舰物种栖息地面临的主要威胁，以及针对性的保护恢复措施等	★★ 此类培训内容应更多聚焦于4个项目示范点在科研监测工作中面临的具体问题，如科研工作的持续积累和成果提升、科研数据对保护地管理策略和有效性的积极贡献等	★★ 此类培训内容应更多聚焦于4个项目示范点在开展科普宣教工作中面临的具体问题，如相关基本理念方法的普及，解说、教育活动开展和产品设计的思路和案例等	★ 相对而言不是此类培训的重点内容，但往往和社区发展、科普宣教、建设管理等有较强的相关度，应在这些环节强调科学合理利用的原则和方法，避免破坏性开发利用	★★★ 在其他类型培训中相对较少关注，但在国际项目目标中占比较重，但缺乏方法和成熟经验，亟待通过此类培训提升保护地相关认知、技能方法和开展社区工作的能力	★★ 案例选择在有针对性的前提下可以相对开放，在优选项目示范点经典案例的基础上，也可适当引入国内外先进经验，开拓培训者思路，启发具有行业引领价值的实践探索	★★ 相对其他类型培训，此部分内容比例可适当增加，力求完整、充分地展现项目示范点资源现状、保护策略和保护工作开展情况，为学员提供直观深入的现场学习和实践机会	★★★ 相对其他类型培训，此部分内容重要性突出，提供参与式和体验式学习，并鼓励团队合作，锻炼沟通协作能力，同时拓展项目示范点之间的人员交流，并挖掘未来合作潜力

（续）

培训类型	主导部门	目标人群	形式和规模	主要培训内容分类									
				理论方法							实践运用		
				政策解读	建设管理	保护恢复	科研监测	科普宣教	合理利用	社区发展	案例分享	现场教学	小组实践
湿地和迁徙水鸟主题相关项目或专业专题培训	国内外专业研究或保护机构主办，GEF提供技术和资金支持	相关项目（如水鸟等生物多样性调查、社区调查、基础科研、公众宣传和教育等）的直接参与人员或潜在参与人员，一般包括但不限于自然保护地工作人员，也会面向各类专业机构、社会组织，甚至有一定专业经验和从业背景的志愿者。如果通过线上形式开展，可以更大范围拓展参与人群	参与式、体验式、理论讲授为基础，实践运用为导向。一般聚焦于非常明确的专业性或技术性主题进行深度、系统的培训，要求参与人员有一定专业经验和基础，并能在培训后开展和承担相关工作或任务。以中小规模为主，一般在50～80人。如通过线上形式开展，可拓展对象人群范围和数量	★ 此类培训一般不设计行业政策全面解读的专题，但对于培训所涉及项目的政策背景和行业现状，有必要进行分析阐释，帮助学员理解整个培训的必要性、重要性，强化使命感和责任感	一般不涉及	★ 与具体培训的主题相关，可能是培训的主题性内容，也可能仅仅是辅助性内容，但一般应用型技术方法的培训都应该基于保护恢复的总体目标和原则，是不可忽视的基础性内容，往往和其他主题结合设计并开展	★★★ 此类培训主题中较多涉及的内容，因为是行业从业者、特别是较短年限的从业者普遍的能力短板，而这又是大量现实工作的客观需求，也需要社会力量的参与，往往通过专题培训的方式开展具有针对性和时效性的培训	★★ 因为近年来行业和社会的普遍关注，成为此类培训主题中较多涉及的内容，但因为行业认知和能力基础相对较弱，在形式上以基本理论方法的普及、体验为主，此类培训也是吸引和拓展社会资源参与的重要平台	一般不涉及	★★ 在其他类型培训中较少被关注，且存在自然保护地从业者的相关认知普遍较低的问题，对于国际合作项目而言，目标层面的驱动更强，有必要通过专题培训的形式有针对性地普及相关理念和实践路径，并提供案例借鉴	★★ 此类培训的重要内容。案例选择上要完全针对培训主题及需要重点提升的专业技能或方法；注重案例的经验方法的提炼，提供有参考性，可借鉴性，甚至可复制性的方法和路径，解决培训关注的现实性技术问题	★★★ 此类培训的重要内容。其设计要完全针对培训主题及需要重点提升的专业技能或方法，并与培训的理论和方法环节、案例环节紧密结合，尽可能做到学了就能试、试了就能用，并且能取得相对较好的效果，以解决现实性技术问题	★★★ 此类培训的重要内容。其设计要完全针对培训主题及需要重点提升的专业技能或方法，并与培训的理论和方法环节、案例环节紧密结合，强调实践运用部分的团队合作，还原真实工作情境，提升培训实效

四、培训内容和师资建议

为了确保培训实现预期目标，需要邀请在相关领域具有公认度的权威专家。邀请的专家应能把握行业发展动态，熟悉湿地和迁徙水鸟保护工作的基本原理、方法，并且了解当前中国相关保护地情况等信息。表14列举了部分推荐的培训专家和讲课选题，供能力建设组织方参考。此名单应在项目执行过程中不断更新、丰富。

表14　GEF湿地和迁徙水鸟项目能力建设推荐专家及讲课选题

培训内容类别	授课领域	专家姓名	单位与职务
政策解读	《湿地法》内容解读	张明祥	北京林业大学教授 GEF湿地与迁徙水鸟项目环境政策与立法专家
	《湿地公约》履约、保护地管理等国际性湿地保护与管理理念	雷光春	北京林业大学教授
	UNDP和GEF项目战略和周期管理	马超德	联合国开发计划署项目主任
	我国湿地保护和管理的相关政策规章解读	机构推荐	国家林业和草原局湿地司相关领导或负责人
	省级湿地保护和管理的相关政策规章解读	机构推荐	相关省（直辖市）林草系统湿地保护和管理部门领导或负责人
建设管理	自然保护地规划与管理、项目周期管理	于秀波	中国科学院地理科学与资源研究所研究员 GEF湿地和迁徙水鸟项目首席科学顾问
	中国生物多样性保护的变革性转变与路径	杨锐	清华大学教授
	自然保护地规划与管理	袁军	国家林业和草原局调查规划院教授级高工、处长

（续）

培训内容类别	授课领域	专家姓名	单位与职务
建设管理	自然保护地规划管理与保护恢复	江红星	中国林业科学研究院森林生态环境与保护研究所副研究员 GEF 湿地和迁徙水鸟项目 CTA 国家级保护地治理专家
	湿地自然保护地和迁徙水鸟保护策略及项目管理——辽宁辽河口专题	王强	中国科学院东北地理与农业生态研究所副研究员 GEF 湿地和迁徙水鸟项目辽宁辽河口省级自然保护地治理专家
	湿地自然保护地和迁徙水鸟保护策略及项目管理——黄河三角洲专题	谢湉	北京师范大学环境学院讲师 GEF 湿地和迁徙水鸟项目山东黄河三角洲省级自然保护地治理专家
	湿地自然保护地和迁徙水鸟保护策略及项目管理——上海崇明东滩专题	邱辉	安徽省林学会理事长、高工，原安徽林业厅副厅长 GEF 湿地和迁徙水鸟项目上海崇明东滩省级自然保护地治理专家
	湿地自然保护地和迁徙水鸟保护策略及项目管理——云南大山包专题	孔德军	昆明学院农学与生命科学学院副教授 GEF 湿地和迁徙水鸟项目云南大山包省级自然保护地治理专家
保护恢复	湿地生态系统的保护与恢复，小微湿地的理论方法和实践案例	袁兴中	重庆大学教授
	湿地与迁徙水鸟保护	张正旺	北京师范大学教授
	鸟类迁徙与栖息地保护	马志军	复旦大学教授
	旗舰物种和栖息地保护研究	吕植	北京大学教授
	高原湿地保护的意义、方法和案例	田昆	西南林业大学教授
	生物多样性保护	王伟	中国环境科学研究院副研究员
	生物多样性保护	朱彦鹏	中国环境科学研究院高工
科研监测	生物多样性监测导论	马克平	中国科学院植物研究所研究员
	水鸟调查方法和调查报告编写	吕泳	国际湿地（IWRB）高级技术官员、副研究员

（续）

培训内容类别	授课领域	专家姓名	单位与职务
科研监测	生态系统监测方法、无人机应用	刘宇	中国科学院地理科学与资源研究所副研究员
	自然保护地的科研监测	李迪强	中国林业科学研究院教授
	湿地植被监测方法	张全军	中国科学院地理科学与资源研究所博士后
	湿地与水鸟栖息地监测、水鸟全球定位系统（GPS）跟踪器应用	夏少霞	中国科学院地理科学与资源研究所副研究员
	水鸟及其栖息地调查方法	贾亦飞	北京林业大学副教授 GEF湿地和迁徙水鸟项目水鸟监测专家
	水鸟识别和监测方法	雷进宇	中欧观鸟组织联合行动平台（朱雀会）秘书长
	水鸟计数与调查方法	雷维蟠	北京师范大学工程师
	基于遥测技术的东亚迁徙水鸟和湿地研究	曹垒	中国科学院生态环境研究中心
科普宣教	湿地科普宣教的理论、方法与案例；设施、人员、媒体——自然保护地环境解说系统的构建和实践；自然教育的基础理论和课程设计	雍怡	复旦规划院生态环境分院自然教育战略研究中心主任 GEF湿地和迁徙水鸟项目能力建设专家
	自然教育的案例及环境解说	王西敏	上海辰山植物园科普宣传部部长、正高级工程师
	自然笔记的记录与创新方法	孙英宝	中国科学院植物所科学绘画家
	自然教育的活动设计和评估管理	陈璘	一个地球自然基金会环境教育项目经理
	东亚–澳大利西亚迁飞区的CEPA发展	胡卉哲	红树林基金会（MCF）首席教育研究员
	以宣教促保护——贵阳阿哈湖国家湿地公园的宣教系统建设与生态产品创新	孔志红	贵阳阿哈湖国家湿地公园管理处处长
	湿地和迁徙水鸟保护的社会宣传	张瑜	中国绿色碳汇基金会项目副总监 GEF湿地和迁徙水鸟项目宣传专家

（续）

培训内容类别	授课领域	专家姓名	单位与职务
合理利用	自然保护地特许经营制度与管理	吴承照	同济大学教授
	国外自然保护地管理的经验和案例	张玉钧	北京林业大学教授
	自然保护地特许经营的理论、方法和实践	王蕾	玛多云享自然文旅有限公司总经理
	保护地科普宣教市场化实践——海珠湿地的策略和成果	蔡莹	广州海珠湿地管理局局长
	中国冷极：内蒙古根河国家湿地公园的品牌建设和生态旅游探索	高健	内蒙古根河源国家湿地公园管理局局长
社区发展	自然保护地的社区参与式管理	范隆庆	GEF 青海与甘肃子项目首席技术顾问
	保护地社区共管	于现荣	北京富群环境研究院常务主任
	鄱阳湖国家级自然保护区社区共管探索	韦宝玉	GEF江西省湿地保护区体系示范项目社区共管专家
	地役权改革和社区参与，以国家公园建设带动区域发展	余建平	钱江源国家公园管理局科研监测中心主任
	如何在保护地管理中推动性别主流化	刘梦	浙江师范大学教授 GEF湿地和迁徙水鸟项目水鸟监测专家
	保护地管理中的性别主流化	张雪梅	中国农业大学教授
	公民科学方法在保护地管理和研究中的应用	段后浪	中国科学院地理科学与资源研究所博士后

五、培训形式

基于培训需求分析和培训内容设计的要点，可针对性设计不同形式的培训，具体分类和设计要点如下（表15）。

表15　GEF湿地和迁徙水鸟项目培训形式分类与设计要点

培训形式	培训目的	培训对象	主要培训内容	组织形式	评估方式	优点	不足
系统理论讲授型培训	系统深入地对相关政策、规章、理论、方法进行权威解读，帮助培训学员对所处行业建立完整的认知并提升能力	相关部门或保护地的负责人、管理者，相关项目负责人等	综合性内容，以政策解读、建设管理、保护恢复为主，其他内容为辅	2～3天，16～24个课时为宜；人数在80～120人；线下授课为主，可同步线上直播。完成培训授予结业证书	· 培训前预期调查和培训后满意度调查结果比对；· 设计主观题，收集学员对培训的效果评价和意见建议	· 能对行业动态、政策规章、核心理念和技术方法进行全面讲解，提供权威解读；· 规模相对较大，一次培训受益人数较多；· 形式较为简单，组织管理难度相对较小；· 学员学习后可将相关理念带回所在地区或保护地，将之进一步传达、推广	· 授课形式相对单一，单向传授方式，加上学员规模较大，较难实现与学员的互动交流；· 授课内容相对宽泛，对于不同知识背景和从业经验的学员接受度可能有差异
师资/培训师培训（TOT）	培训具有独立组织和实施培训能力的培训师，通过他们返回所在地开展二次培训，实现快速传播和赋能的目的	根据要求由项目示范点、相关业务部门推选的具有较好专业背景，并有能力独立讲课的学员	专题性内容，以科研监测、科普宣教、社区参与等专题为宜，也可以设计政策解读、建设管理、保护恢复方面的内容，但对学员的要求更高	4～5天为宜，32～40个课时，时间不能太短；人数在30人左右为宜；必须全程线下授课。完成培训并按要求开展独立培训活动授予证书	· 培训前预期调查和培训后满意度调查结果比对；· 培训期间每天任务完成情况记录和互动问答情况；· 培训结业考核或结束后提交的个人培训方案和实施计划；· 第三方观察员评估；· 返岗后的培训组织实施情况报告及反馈	· 能聚焦某一具体主题开展深入的培训，理论结合实践；· 互动式教学、分组讨论等形式更有助于增强培训效果；· 设计大量练习、讨论、演示、报告环节，实地演练相关能力；· 提供包含课件、教具包在内的丰富素材，助力学员的实践运用；· 有培训结束后的任务和跟踪，激励学员开展实践，确保培训效果的达成	· 不同从业背景和基础能力的学员培训效果差异大（培训效果，即能否培训出合格的未来培训师，对培训方案和培训讲师的能力要求很高）；· 能否在培训结束后独立开展培训还受到本职工作等客观条件限制；· 持续服务难度很大；· 系统开发培训内容的知识产权管理挑战大

（续）

培训形式	培训目的	培训对象	主要培训内容	组织形式	评估方式	优点	不足
实践型培训工作坊	针对具体培训主题，开展参与式、体验式学习，帮助受训人员通过学习加实践深入掌握相关培训内容，提升相关能力	通过培训需求调查和培训招募，挑选具有相似需求的保护地或相关部门从业人员，以中层或基层人员为主	专题性内容，以建设管理、保护恢复、科研监测、科普宣教、社区发展等专题为宜，一般不设计综合性的培训内容	4～5天为宜，32～40个课时，时间不能太短； 人数在30～50人为宜，分为4～8组参与培训； 尽可能全程线下授课。 完成培训授予结业证书	· 培训前预期调查和培训后满意度调查结果比对； · 培训期间每天任务完成情况记录和互动问答情况； · 培训结业考核或结束后提交个人总结和未来计划； · 第三方观察员评估	· 能聚焦某一具体主题开展深入的培训，理论结合实践； · 互动式教学、分组讨论等形式更有助于增强培训效果； · 小组讨论、报告环节的设计，鼓励学员主动学习和表达； · 以小组形式参与培训，强调分工合作、沟通协商，并鼓励学员间的业务交流。 · 培训的同时往往能建立一个小型专业社交网络，鼓励学员之间开展培训后的持续专业交流	· 规模较小，每次培训受益人数有限； · 培训主题要求比较集中，因此要完成所有项目目标需要组织多次培训； · 培训的内容形式相对复杂，对培训讲师、引导员的要求很高； · 培训的组织工作较为繁杂； · 培训完成后需要有跟踪反馈，培训工作的管理周期相对更长

（续）

培训形式	培训目的	培训对象	主要培训内容	组织形式	评估方式	优点	不足
保护地现场培训	以一个保护地的整体工作目标、工作方法和工作效果为案例，系统又生动地开展自然保护的专业培训	所在保护地自身的工作人员，特别是新入职员工，以及兄弟自然保护地、行业相关部门工作人员	一般是较为综合性的内容，可以涉及保护地建设管理各方面的工作，提供一个全局性的认知。对举办地比较有优势的工作领域可以加强相关内容所占的比重	3～4天为宜，24～32个课时；人数在50人左右；尽可能全程线下授课，要安排较高比例的现场参观、演示、实践环节。完成培训授予结业证书或专业技能培训证书	·培训前预期调查和培训后满意度调查结果比对；·培训期间每天任务完成情况记录和互动问答情况；·设计主观题，收集学员对培训效果的评价和意见、建议	·理论结合现场，通过一个自然保护地展示系统工作的方法，同时邀请大量保护地工作人员直接参与讲解甚至授课，提供更直观生动的学习体验；·保护地的学习环境更接近真实工作场景，能激发学员自然联想到其工作的相关面，实现更有效的互动交流和问题讨论；·相对于培训中心、会议中心，更有利于学员以轻松自然的方式学习，学员也更容易在这种培训中结下“革命友谊”；·培训后学员之间的社交练习和专业互动往往积极且持久	·培训组织需要占用保护地工作人员大量的时间和精力，造成额外工作负担；·保护地工作人员的培训设计、讲解、授课等能力需提前培训；·如何将一个保护地的个性化问题提炼上升到具有通用性的经验方法，对培训讲师和引导者的能力有很大挑战；·培训现场的设施设备往往不一定完备，交通、食宿等条件可能不够便利、完善，影响培训的体验

（续）

培训形式	培训目的	培训对象	主要培训内容	组织形式	评估方式	优点	不足
线上培训	实地培训组织受到现实条件的限制情况，或有需要开展较大规模的培训活动，此时可通过线上培训的方式实现培训目标	一般针对量大而面广的基层工作人员、对保护地工作感兴趣并有意愿进一步了解和参与的人员	一般是较为综合性的内容，且以基础性知识和基本技能讲授为主，不涉及过于专业或对实际应用有较高要求的内容	全部线上完成，一般每个专题2～3个课时，共24个左右，要求学员在3个月至一年时间内完成。 完成培训授予结业证书	·培训结业考核或结束后提交的个人总结； ·培训前预期调查和培训后满意度调查结果比对； ·设计主观题，收集学员对培训的效果评价和意见建议	·组织形式灵活，学员可以根据自己的时间安排选择适宜时间自我学习或以小组形式学习； ·课程内容可反复使用，一次设计和讲授可多次使用，受益人数多。 ·可以作为以上4种培训前期的基础性培训	·以讲师讲授为主，较难安排与学员的问答互动，或参与式、体验式学习，一定程度上影响培训效果； ·对培训设备、设施及其使用方法有一定的技术要求； ·对培训内容的知识产权管理有一定的挑战。

六、4个项目示范点的能力建设建议

受疫情影响，2022年度未能安排能力建设专家赴相关项目示范点开展调研并进行面对面的培训需求访谈调查。本节主要根据在线能力建设需求相关调查结果进行分析和研判。4个项目示范点的培训需求调查显示，除了所有受访者对政策法规类的内容都具有普遍较高的需求（基于《湿地法》出台的现实背景），在培训内容、培训形式等问题上的需求呈现出一定差异，在项目中的能力建设工作的定位也有所不同，因此需要进行针对性设计。

（一）辽宁辽河口国家级自然保护区

辽宁辽河口国家级自然保护区，以及辽宁省相关林草部门和机构的调查受访者反馈显示，他们更关注湿地保护地巡护、执法程序和技巧，以及湿地类型保护地管理计划编制等湿地管理的具体工作方法，这可能和保护区空间尺度大、生境类型复杂、区位和交通条件相对不完善，以及气候因素影响综合情况下日常管理工作难度大相关。因此，可以优先组织以保护区建设管理相关的专题培训，并且邀请其他项目示范点成员共同参与。

另外，保护地的生境条件和人为干扰相对较少，生物多样性现状较好，加上有一定的国际合作和参与国际项目的经验和成果积累，适合开展生物多样性保护、科研监测、科普宣教等专题的培训，可在整个项目执行期内逐步设计和实施。培训形式以实践性培训工作坊、保护地现场培训为主，并且邀请其他项目示范点成员共同参与。

（二）山东黄河三角洲国家级自然保护区

山东黄河三角洲国家级自然保护区，以及山东省相关林草部门和机构的调查受访者反馈显示，他们更关注湿地保护的基础知识和技能方法，包括湿地生物多样性保护的基础知识、湿地生态系统服务与价值评估、迁徙候鸟保护与栖息地的基础知识以及水鸟（及野生动植物）野外识别与调查技术等方面的内容。这既和黄河口湿地的生境现状、主要保护目标及迁徙候鸟保护和监测等保护区的日常工作重点直接相关，也反映了保护地全面提升团队能力的迫切需求。基于保护区在我国河口海岸带、滨海湿地和候鸟迁徙路线上的典型性，特别适合在迁徙季结合水鸟同步调查等研究工作需求，优先开展水鸟监测主题相关的专题培训，并邀请其他项目示范点成员共同参与。此类培训形式以实践性培训工作坊、保护地现场培训为主，可以同步开展线上直播，以惠及更多对湿地和水鸟保护感兴趣的人群。

另外，保护地的河口三角洲湿地和生物多样性具有典型性和代表性，同时也受到区域发展的一定挑战，这些问题对其他湿地类型保护地，特别是滨海和河口三角洲地区的各类湿地保护地具有很好的借鉴和相互学习价值，因此也适合开展包含保护地建设管理、生物多样性保护、科研监测、合理利用、科普宣教等内容的综合性培训。培训形式以实践性培训工作坊、保护地现场培训为主，并且邀请其他项目示范点成员共同参与。

（三）云南大山包黑颈鹤国家级自然保护区

云南大山包黑颈鹤国家级自然保护区，以及云南省相关林草部门和机构的调查受访者反馈显示，他们更关注如何运用先进、有效的方法统筹、科学地开展湿地保护和管理工作，特别是大面积、大范围等比较复杂的情况，包括湿地保护地数据库与信息系统的维护、湿地类型保护地管理计划编制等，这些需求充分地反映了云南当地自然保护地面积大、类型复杂、区位和交通条件较差，与村落社区有一定交错度，面临保护与发展之间的平衡挑战等现实问题，也在探求通过新的科学技术方法的运用为这些困难提供解决思路和方法的可能性。另外，云南当地的湿地保护工作团队的基础能力也有待提高。基于上述背景情况和现实需求，结合保护地在我国西南高原湿地和迁徙水鸟保护工作中的代表性和全国湿地保护工作的独特性，适合开展包含各项培训内容的基础性、综合型的培训，特别是对于生物多样性保护、建设管理、科研监测等重要从业能力的培训，应提高其优先级和重视度。其中，基础性培训的形式可以以线上培训或讲授型培训为主，专题性培训的形式应以实践性培训工作坊、保护地现场培训为主，并且邀请其他项目示范点成员共同参与。

（四）上海崇明东滩鸟类国家级自然保护区

上海崇明东滩鸟类国家级自然保护区，以及上海市相关林草部门和机构的调查受访者反馈显示，他们更关注湿地保护地巡护、执法程序与技巧以及水鸟栖息地修复与重建技术，这反映了该保护区以河口滩涂湿地和迁徙水鸟保护为核心的工作目标，特别是其河口滩涂入侵物种治理和湿地生态修复的技术，对很多其他类型湿地保护地的管理有很好的借鉴价值。同时，保护区的建设和发展要平衡当地周边农村社区的客观发展要求，因此加强巡护执法工作的合法性、有效性、策略性都有着现实的意义。上海市政府对保护区发展给予的政策、管理和资金支持，以及长江三角洲地区雄厚科研力量对崇明东滩的关注和持续深耕，使保护区积累了大量的科研成果。另外，因为地处国际化大都市上海，保护区的发展也面临着整个上海市城市未来发展的空间需求等方面的挑战，这更需要管理者从跨部门、跨机构的角度去探求平衡与共治共赢的解决方案。

总体来说，崇明东滩鸟类国家级自然保护区无论是资源禀赋、保护价值、保护工作的专业性、系统性、实效性，以及在具体工作中形成的经验，都具有很强的行业推广价值。因此，在GEF项目中也赋予了崇明东滩鸟类国家级自然保护区独特的项目功能定位和目标：对标香港米埔自然保护区，打造迁飞网络甚至是国际化的湿地和迁徙水鸟培训中心，以崇明东滩为案例和蓝本，系统、生动地阐释湿地和迁徙水鸟保护相关的理论和技术方法，承担起为行业赋能的重任。

基于以上定位，崇明东滩培训中心的设立和培训内容设计应考虑以下几点。

- 系统性、科学性：培训中心的培训课程内容应能兼容并包，系统完整地呈现一个以水鸟保护为主要目标之一的典型湿地类型自然保护地在规划、建设、管理、科研、保护、恢复、教育等方面的全面理论和方法，并且这些内容的设计应该基于保护区多年一线深耕的科学研究成果，具备严谨的科学性和专业性。

- 实践性、可操作性：课程内容的设计在科学性的基础上，充分体现实践性和可操作性，不是单纯地讲述某些科学知识和原理，而是阐释这些理论方法如何运用于湿地自然保护地和迁徙水鸟保护的具体工作实践，提供可操作的技能方法和工作路径，帮助培训对象学有所用。
- 个性化、定制化：不是泛泛而论通用性的湿地保护和管理理论方法，而是通过崇明东滩的自身工作，具体生动地呈现、展示、演绎这些理论方法在实际工作中的应用及所取得的效果。这套课程应该带有强烈的崇明东滩案例甚至模式的色彩，具有个性化、定制化、不可随意复制的特点，这也是培训中心可能复制香港米埔模式，在相关行业培训中体现其竞争力和优势的重要特点。
- 国际化、先进性：除了介绍崇明东滩自身的经验和成果，也应该将保护区既往工作中吸纳、学习、借鉴的国际经验、案例和方法加以展示，体现培训中心在理念和方法上的国际先进性。但是要注意不能直接奉行“拿来主义”，尽可能将这些国际视角和案例与我国湿地保护现实情况相结合，避免出现因文化差异而让学员难以理解或运用的问题。
- 开放式、可持续：培训中心的课程和培训方案都不是固定和一成不变的，而应该在培训组织的过程中不断通过评估、复盘进行调整和优化，并根据行业发展的动态、新的关注点，以及保护区工作不断演进后发现的新问题、总结的新经验进行补充、完善和发展，打造一个开放式、有成长性并能持续发展的培训中心。
- 创新性、示范性：在培训的内容设计、组织形式、案例选择等方面，尽可能体现创新性和行业示范性，比如，如何把握《湿地法》出台的行业契机开展权威科普，如何结合国家的自然保护地体系建设、生态产品价值实现、保护地社会功能实现等热点议题和重大战略，引领探索和思考。
- 培训中心具体培训计划及方案设计需在后续项目开展过程中与第三方具体沟通并根据实际需求提供必要支持。

七、培训开展计划

基于不同类型培训的内容框架、内容建议和培训形式，具体到整个项目执行期的培训开展计划建议参见表16。

表16　GEF湿地和迁徙水鸟项目培训开展计划建议

培训类型	GEF项目角色	培训内容	培训形式	组织频率
全国性或迁飞区相关行业培训	资金和技术支持机构	国家林业和草原局湿地司相关行业培训	系统理论讲授型培训	一年2期或以上，具体结合湿地司相关工作安排协商沟通确定
		其他行业主管部门或机构组织的相关培训	线上培训	不定期，视相关培训和项目目标的结合度及合作机构的需求、合作意愿等协商沟通确定
省级行业培训	资金和技术支持机构	省级林草主管部门主办的相关行业培训	系统理论讲授型培训	一年平均不少于4期，4个项目示范省各1期，如有其他迁飞路线上重要节点所在省（直辖市）有合作契机也可以安排。具体结合相关省（直辖市）工作安排协商沟通确定
		其他省级行业主管部门或相关机构组织的培训	线上培训	不定期，视与项目目标、内容、受众等要素的相关度和结合度具体商定
面向项目示范点的专题培训	主办机构	为4个项目示范点根据项目目标设计的专题培训	师资 / 培训师培训	平均每年每个项目示范点1期，培训主题根据各项目示范点具体培训需求定制，每年不重复，着重应用性的理论技术方法培训，包括但不限于：保护地生物多样性监测、科研、规划管理、科普宣教、社区参与等相关主题
		面向所有项目示范点开展的专题培训		建议与上述培训结合举办，突出举办保护地的自身特色，回应具有共性的培训需求
湿地和迁徙水鸟主题相关项目或专业专题培训	资金和技术支持机构	水鸟监测、湿地和生物多样性调查、科普宣教、社区参与等专题培训	保护地现场培训	不定期，与周期性重要资源调查等科研监测研究工作、行业热点议题、国家或地方重大项目相结合的相关培训，具体组织可与上一类培训相结合

八、培训组织和管理

（一）培训准备

培训开始之前，需要对培训的主题、内容和具体方案，以及培训组织的具体流程细节进行提前设计和缜密管理。其中，做好充分的准备工作，是组织一场成功培训的前提，而组织工作又具体包括培训内容、物料准备、场地准备、行政事务等方面（见表17）。

表17　培训准备及组织流程工作清单

工作事项	确认事项	清单及备注
培训内容	培训方案	培训主题、对象、日程、讲师、形式、活动、物料、行政等总体方案及各部分工作负责人及相应责任
	讲师邀请	沟通联系、确认选题和内容、确认时间及行程
	授课内容	确定主题、讲师、提前收集课件并反馈（如有）
	互动内容	活动体验方案、流程、课件、物料采购（如需）
	培训招募	必要审批流程、正式通知确认并用印、招募渠道、招募方案、推广计划、截止时间等
	学员筛选	筛选原则、筛选和备选机制、预计规模、沟通确认
	管理工作	行前通知、培训手册、培训证书
	学员管理	发放通知、建立学员群、发布学员培训需求调研问卷（见附录5）、提醒培训准备相关事宜
	培训传播	宣传计划、新闻稿/微信稿/微博稿草稿
	培训后勤	场地、食宿、交通、茶歇、现场教学安排等

（续）

工作事项	确认事项	清单及备注
物料准备	培训签到表	如果是多日培训需要分别准备
	课程活动	演示模型、标本、图卡、视频等物料；体验活动所需的材料、工具等
	分组讨论物料	彩笔（粗细双头）、海报纸、便笺纸等
	学员培训资料包	教材、教具包、相关资料、折页等
	场地布设	培训海报、场地布设张贴画等
	培训茶歇	培训期间每半天或一天安排1次茶歇，按人数准备
场地准备	培训室内场地	以空间大小适宜、明亮通透为宜
	培训座椅布设	中大型规模培训以剧场式形式布设，小型以分组围桌方式布设
	签到台	位置、桌椅摆放
	音响设备	确保最后一排能清楚听到讲课声音，如需话筒应配备2个以上移动话筒及备用电池
	投影设备	投影仪及幕布、连接线、遥控笔、电源、接线板等，并需提前调试
	讨论和展示设施	分组名单、讲台、白板、可擦笔及板擦、海报纸夹、无痕黏胶等
其他	其他设备	打印机、打印纸、U盘、转接头、激光笔等
	户外培训场地	体验和演示活动场地、户外教学场地、交通方式、现场解说等配套服务、安全确认
	户外教学准备	望远镜/图卡/实物/模型等现场观察、演示设备工具
行政事务	授课专家差旅	预订机票/高铁票，确认行程、银行账户信息
	授课专家接待	机场/高铁接驳、住宿、会场往返、用餐等
	学员差旅	差旅信息收集、分批次机场/高铁接驳统筹安排、住宿、会场往返、用餐等
	财务事宜	预支费用、三方合同签署拨款、发票开具（如需）
	安全事宜	备用药品和急救箱、场地安保部门和设施对接等

在培训准备期间需要准备的文件清单包括：

- 培训方案（主题、对象、时间、主要内容及授课专家、培训流程等）。
- 培训通知（正式公告版本、网页发布版本等）。
- 培训授课专家邀请函。
- 培训专家费签收表。
- 培训学员、专家及工作人员签到表。
- 培训手册（包含培训日程、培训课程简介及授课专家简介、行政事宜等）。
- 培训学员报名表（线上链接形式，用于收集相关信息）。
- 培训学员通讯录。
- 培训人员差旅信息汇总表（包括专家、培训学员和工作人员，收集汇总往返航班/高铁班次、接送机、住宿安排等信息）。
- 培训物料清单。
- 培训满意度调查问卷（线上平台，便于收集和分析数据）。
- 培训新闻稿（网页、微信、微博公众号平台等各种形式）。

（二）培训常规流程设计

培训流程是指导和统领整个培训的组织开展，确保培训可以严格按照计划执行，并实现预期目标的工作管理性文件方案。具体流程设计应该包含以下几方面要素。

- 时间表：应按天分列，明确每个环节的具体时间段，具体到小时和分钟。如果培训涉及晚间活动安排，或包含周末或节假日，也应在日程表中注明。
- 培训或活动内容：各时间段对应的培训或活动内容应明确，包括课程的主题、授课人和课程内容简介（可选）。如果是活动内容，如分组讨论、汇报、实践体验活动，应明确地点、主要内容、形式、任务。如果涉及外出、通行，应注明交通方式和活动的现场联系人（如需）。
- 各环节准备工作和物料清单，如投影仪、电脑、话筒等设施设备，小组讨论的海报纸、彩笔、即时贴等必要文具，活动体验环节的场地布设和必要工具教具，授课过程需要的演示物品和需要分发的资料或学习单等。

- 学员任务环节：如案例分享、小组作业交流、培训考核等，应注明需要学员提前准备的内容，如文件、资料、演示文档、现场展示的海报、实物等。如需提前测试设备和场地，也应在流程中予以注明。
- 特别仪式环节：如有开幕式、结业仪式、授证仪式等，应明确活动的场地、需要提前完成的准备工作（如代表发言、着装要求等）。
- 后勤服务安排：如用餐、茶歇等环节，应明确时间、地点、形式（桌餐或自助餐）以及是否需要凭票入场等信息。

培训日程表示例参见附录6。

（三）培训指南设计

培训指南是指导培训学员按计划、有序参与培训的重要工具性文件，也是提高培训管理效能的有力依据。一般情况下，培训手册的内容包括以下几个主要组成部分（见表18，具体培训指南示例参见附录7）。

表18　培训指南设计主要内容

类型	指南内容	说明
必选内容	封面	包含培训主题、批次、时间、地点、组织机构等信息
	培训管理相关规章制度文件	如关于在干部教育培训中进一步加强学员管理的规定（中组发〔2013〕8号）
	会务信息	培训期间考勤、课件、用餐时间地点、住宿、交通、安全等信息的汇总，并附工作人员和培训场地行政服务部门的联系方式
	培训日程	包括从培训报道到培训结束返程整个培训期间所有相关日程安排，应具体到时间、内容。对于培训授课、实践、考察等内容，应明确授课人、授课主题、考察时间地点等相关信息
	培训人员名单	包括培训授课专家、培训主办方和组织方相关领导和工作人员及所有培训学员名单。表格信息应包含姓名、性别、工作单位、职务职称等信息。一般情况下不直接提供个人联系方式，但可通过建立培训沟通群等方式，为培训学员提供自主联系渠道。该群应在培训结束后解散

（续）

类型	指南内容	说明
可选内容	培训分组	如果培训中设计了分组讨论、联系、汇报等环节，或现场教学、考察等活动，需要分组进行，应在手册中提前告知分组安排。如果涉及分组讨论地点或考察用车，也应标明
	现场教学安排（如有）	培训期间如有现场考察、参观、实践等环节，一般应对往返交通方式、分组和车辆安排、考察路线和具体日程安排、考察期间的讲解员、联系人等信息进行详细说明，并提供考察路线图等必要信息
	培训所在地/考察地点介绍	如果培训由相关保护地、湿地公园等单位承担，特别是培训期间安排了在上述相关地点考察、现场教学等活动，可在指南中提供相关图文介绍，方便学员提前了解
	交通指南	对于学员可能需要自行前往培训地点的情况，应提供当地机场、火车站、汽车站前往培训地点的交通信息、预估费用和对应路线地图截图
	培训准备	对于培训期间应携带差旅用品、培训期间考察车辆和现场教学建议准备的随身物品（望远镜、相机和户外装备等），以及培训所在地气候和着装建议等信息要详细说明
	笔记页	提供若干空白笔记页，方便学生记录和保存

（四）培训质量管理和效果评估

对培训质量和效果的评估管理，是核验培训是否按计划和要求开展，并实现预定目标的重要手段。对于持续性、周期性开展的培训，此项评估还有助于培训主办机构优化原有的培训方案，提升培训质量。

一般的培训质量管理和效果评估包括以下几种方式。

1. 满意度调查

满意度调查一般包括问卷调查和访谈等形式。其中，问卷调查方式相对操作简单，可以覆盖所有培训人员，并且对调查结果能够进行统计分析，是应用最为普遍的一种评估调查方式。培训满意度调查问卷一般包括以下几个部分的内容。

- 被调研人基本信息，如年龄、性别、单位等。一般情况下建议用不记名方式。

- 对培训整体流程安排，以及每一个具体课程内容的满意程度进行分别调查，一般采用5分量表法予以评分，并鼓励受访者填写对相关培训内容的具体意见和建议；如果有培训前期的预期调查，这里还可以增加是否实现预期，或预期实现程度的相关调查问题。
- 对培训组织管理，如报名、会务、考勤、考察活动、考核、授证/认证等组织管理的满意程度，一般采用5分量表法予以评分，并鼓励受访者填写对相关培训内容的具体意见和建议。
- 对培训后勤服务，如食宿、交通等工作的满意程度，一般采用5分量表法予以评分，并鼓励受访者填写对相关培训内容的具体意见和建议。
- 对于培训的其他建议，一般以开放题的方式鼓励受访者填写。

具体培训满意度评价问卷示例参见附录8。

然而，满意度评价问卷因为提问方式和信息收集方式的局限性，虽然能快速获取一些量化的评估结果，但是对于这些结果背后进一步反映出的问题较难发现。特别是一些主观性的问题，较难通过手机和网络问卷填写的方式收集到较为详细的深层次的反馈，因此需要通过访谈（面对面或者电话访谈的形式）进行补充和完善。主观问题一般应重点关注调研问卷难以收集的主观态度和观点，例如：

- 您对整个培训中的哪个/几个课程最为满意？能介绍一下您对这些课程较为满意的主要原因吗？
- 您认为整个培训中的哪个/几个课程还有待完善提升？能介绍一下您觉得这些课程还存在哪些不足吗？
- 您认为您的培训预期在多大程度上得到了实现，完全、大部分、一半、很少或是超出预期？您觉得实现预期的主要是哪些方面？还未能完全实现预期的又是哪些方面？这些问题是培训设计造成的，还是培训组织过程造成的？您对主办方有没有一些具体的改进或优化建议？
- 您认为此次培训最大的收获是什么？为什么？
- 您认为此次培训最大的遗憾是什么？为什么？

- 如果回到培训前，你对培训主办方是否有一些具体的建议，以使此次培训的组织开展能够更为成功和顺利？
- 您会把这个培训推荐给你周围的同行或朋友吗？为什么？

需要注意的是，访谈形式的调查并不是所有培训都必须的，但是对于问卷调查中反映出的一些特别突出的问题，应该通过访谈形式的补充调查予以进一步了解和分析，并寻求解决或优化的方案。

2. 培训需求和培训满意度调查数据对比

对于在培训前期已经收集了学员对培训的需求、参与培训的动机等方面信息的情况，应该在培训满意度调查环节设置相关的问题，并对培训预期的达成情况进行统计分析。如果整体或部分学员的满意度达成情况不理想，应有针对性地开展访谈，进一步了解情况，并寻求改进或优化方案。

3. 培训学员考核

培训学员考核也是一种侧面评估培训效果的有效手段。培训评估考核，一般不同于体制内教育的考试，不会以书面闭卷考试的方式进行。对于培训的知识性内容，一般可以通过培训总结回顾阶段的提问环节设计，根据学员回答问题的踊跃程度和正确率，加以客观评价。此外，很多培训会安排培训小结、培训小组任务汇报等环节，通过这些“作业”的收集和整理，也可以从侧面获知学员的培训所学和个人感受，这些信息往往是对培训效果非常直观、深入的反馈，而且能体现不同学员基于自身认知和基础能力的多元化的评价意见，对改进培训非常有帮助。

4. 培训过程中观察和记录学员表现

有经验的培训导师和团队，会非常注意在培训过程中及时观察培训学员的反馈，并设计阶段性的回顾（如每个半天的开场环节设计10分钟左右回顾，结束前安排10分钟左右的总结），配合这些环节设计一些有奖问答等。这些都是很好地了解阶段性学员学习效果的有效手段。特别需要注意的是，在培训过程中的观察和记录，应能帮助培训主办方及时调整和优化后续的培训方案。例如，在基础知识培训环节之后，如果发现大部分学员有较好的职业能力基础，对该部分的内容掌握程度比较高，则应该在后续培训中增加应用性、案例性内容的比例，或增加参与式、项目式学习的环节。如果发现学员对某一领域的内容关注度和需求度特别高，如对湿地监测或者即将开展的水鸟调查等工作有较为紧迫而重要的能力提升需求，主办方可以尝试和相关授课专家沟通，在时间允许的情况下，适当调整后续课程内容或重点，以满足学员们的需求，提升培训成效。

5. 第三方评估

为了能够客观、完整地反映培训的具体效果，还可以邀请第三方专家或机构通过参与、观摩等形式，对培训的设计、组织、开展、管理等全流程进行评估。这种评估一般和相关项目的目标和管理指标直接相关，通过第三方评估的形式，能够得到更为客观的结论。但是这种评估方式也会有较高的人力和财务成本，一般对于在某个具体项目框架下，有特殊能力建设目标和指标要求的培训较为适用，尤其是还需要在一定周期内系统化、持续性、阶段性开展的培训。

参考文献

陈家宽，雷光春，王学雷，2010. 长江中下游湿地自然保护区有效管理十佳案例分析[M]. 上海：复旦大学出版社.

国际自然保护联盟，自然保护地及周边友好发展操作指南[Z]. [2018](2024-12-11). https://www.cepf.net/sites/default/files/pa-friendly-development-guidelines-65818-chinese.pdf.

国家林业局湿地保护管理中心，世界自然基金会，2017. 生机湿地[M]. 北京：中国环境出版社.

林业部野生动物与森林植物保护司，1996. 湿地保护与合理利用——中国湿地保护研讨会文集[M]. 北京：中国林业出版社.

马广仁，2023. 湿地——奋楫笃行的十年[M]. 北京：中国林业出版社.

湿地公约东亚区域中心，国际重要湿地指定与管理从业者指南[Z]. [2017](2024-12-11). http://rrcea.org/wp-content/uploads/Designation-and-Management-of-Ramsar-Sites-China.pdf.

世界自然基金会，国际湿地公约，国际重要湿地管理有效性跟踪评估工具使用手册[Z]. https://www.ramsar.org/document/ramsar-site-management-effectiveness-tracking-tool-r-mett.

世界自然基金会，《湿地公约》东亚区域中心，湿地生态系统服务快速评估指导手册[Z]. [2020](2024-12-11). http://rrcea.org/wp-content/uploads/RAWES-Practitioners-Guide-China.pdf?ckattempt=1.

APPLETON, M R, 2016. A Global Register of Competences for Protected Area Practitioners[M]. Gland, Switzerland: IUCN.

KOPYLOVA, S L, DANILINA, N R, 2011. Protected Area Staff Training: Guidelines for Planning and Management[M]. Gland, Switzerland: IUCN.

TIM Dodman, GERARD Boere, 2010. The Flyway Approach to the Conservation and Wise Use of Waterbirds and Wetlands: A Training Kit[M]. Ede, The Netherlands: Wings Over Wetlands Project, Wetlands International and BirdLife International.

UNESCO, ICCROM, ICOMOS, IUCN, 2023. Enhancing Our Heritage Toolkit 2.0: Assessing Management Effectiveness of World Heritage Properties and Other Heritage Places[M]. Paris: UNESCO.

附录

附录1　相关省（直辖市）林草主管部门培训需求调查问卷

一、单位及受访人基本信息

1	被调研单位	□ 辽宁省林业和草原局或项目示范点所在市/县级林草主管部门 □ 山东省林业局或项目示范点所在市/县级林草主管部门 □ 上海市林业局或项目示范点所在市/县级林草主管部门 □ 云南省林业和草原局或项目示范点所在市/县级林草主管部门 □ 其他（请注明）____________________
2	性别	□ 男　　□ 女
3	年龄	□ 30岁及以下　□ 31～40岁　□ 41～50岁　□ 51岁及以上
4	学历	□ 高中及以下　□ 大专　□ 本科　□ 硕士研究生　□ 博士研究生
5	岗位性质	□ 省林业厅/局主要领导　□ 省林业厅/局部门负责人 □ 项目示范点合作专家　□ 项目示范点所在市/县林草主管部门
6	主要分管或工作领域	□ 全面统筹管理部门各项工作　□ 政策法规　□ 规划建设 □ 科研监测　□ 执法巡护　□ 宣传教育　□ 社区发展 □ 生态旅游管理　□ 其他（请注明）____________
7	从事该岗位时间	□ 3年以下　□ 3～5年　□ 6～10年　□ 10年以上

二、培训需求调查

8	是否参加过湿地的专业培训（多选）	□ 参加过国家林业和草原局或相关部门组织的全国性专业培训 □ 参加过省级林草或相关主管部门组织的省级专业培训 □ 参加过由国际组织或国内机构组织的相关专业培训 □ 参加过保护区（包括兄弟保护区）组织的相关培训 □ 从未参加过任何湿地相关的专业培训
9	平均每年参加培训的总次数	□ 4次及以上　□ 2～3次　□ 最多一年1次　□从未参加过
10	参加过的培训包含以下哪些方面的内容（多选）	□ 湿地保护和管理的政策解读 □ 湿地和生物多样性保护的相关科学知识 □ 湿地规划和管理的理论、方法和案例 □ 湿地保护和恢复的理论、方法和案例 □ 开展湿地和水鸟科研监测的方法和案例 □ 湿地的合理利用 □ 湿地科普宣教和保护区自然教育 □ 案例分享和现场考察 □ 分组讨论和实践
11	您认为目前参与过的专业培训情况是	□ 选题合理，内容丰富，形式多样，充分满足需求 □ 培训内容偏重理论，能直接运用于工作实践的内容较少 □ 理论和实践应用部分内容较均衡，但内容不够与时俱进 □ 偏重具体工作实践运用，理论和政策部分内容相对较弱 □ 其他（请注明）________________
12	您认为理想的培训时长	□ 1～3天　□ 4天至1周　□ 10天左右 □ 一个月或长期线上学习　□ 其他（请注明）__________
13	您认为比较有效的培训方式（多选）	□ 邀请专家讲课　□ 制作多媒体讲义　□ 野外实践传授技术 □ 室内授课与野外实习相结合　□ 网络在线学习　□ 实地参观学习 □ 学位学习　□ 其他（请注明）__________
14	您认为单场培训的理想参与学员数量	□ <10人　□ 10～19人　□ 20～29人　□ ≥ 30人
15	如组织相关培训，您及所在部门/机构可提供的支持为	□ 积极安排相关人员参与培训 □ 推荐合作机构、兄弟单位人员参与培训 □ 参与培训授课，分享自身工作经验或案例 □ 参与培训的组织，承办具体培训 □ 为培训的组织提供场地、人员、资金等各方面支持
16	为巩固和强化培训效果，您可以提供的支持是（多选）	□ 将参与相关培训的时间、成绩纳入员工培养计划 □ 将培训成绩纳入员工年度工作考核等绩效量化指标 □ 将培训成绩纳入职称评定等晋升量化指标 □ 给予培训优秀的员工进一步深造学习的机会 □ 其他（请注明）________________

17. 基于UNDP-GEF迁飞保护网络项目的目标和内容，您最希望通过项目支持开展的培训需求是（请根据您认为的需求程度高低选择在对应选项下画“√”，其中，“急需”最多不超过5个）：

序号	类别	培训专题和内容	急需	需要	不需要
1	政策解读	国家湿地保护有关法律法规及政策解读			
2		《湿地法》内容解读			
3		《湿地公约》履约、保护地管理等国际理念宣讲			
4	规划管理	湿地类型保护地管理计划编制			
5		湿地保护地巡护、执法程序与技巧			
6		湿地保护地融资与项目周期管理			
7		湿地保护地数据库与信息系统维护			
8	保护恢复	湿地生物多样性保护的基础知识			
9		迁徙候鸟保护与栖息地的基础知识			
10		水鸟栖息地修复与重建技术			
11		互花米草等外来入侵物种的治理方法			
12	科研监测	湿地生态系统服务与价值评估			
13		水鸟（及野生动植物）野外识别与调查技术			
14		无人机等新技术在湿地监测与保护中的应用			
15		鸟类环志技术培训与候鸟迁徙研究			
16		湿地监测技术方法与湿地生态系统快速评估方法			
17	科普宣教	包含人员、设施、媒体的保护区宣教系统建设完善			
18		面向社会公众的湿地保护宣传			
19		面向保护地周边中小学生的自然教育			
20		基于湿地保护区的自然教育、自然体验、研学等项目设计和运营			
21		鸟类救护与野生动物保护公众教育			

（续）

序号	类别	培训专题和内容	急需	需要	不需要
22	社区发展	湿地保护地社区参与和社区共管			
23		湿地保护地生态旅游管理			
24		湿地可持续利用与替代生计			
25		促进女性，尤其是女性村民参与保护并从中受益的方法、思路、好案例等			
26	实践运用	国内外滨海湿地保护管理的最佳实践案例			
27		国内湿地和迁徙水鸟保护相关案例经验分享			
28		培训所在地实地考察和现场教学			
29		观鸟、野生动物救助、生物多样性调查等现场实践			
30		分组讨论、设计、分享等实务内容练习			

18.其他培训需求或建议，请具体说明。

附录2　相关省（直辖市）林草主管部门培训需求调查数据表（部分）[①]

序号	类别	培训内容	急需（人）	需要（人）	不需要（人）	急需占比（%）	需要占比（%）	不需要占比（%）
1	政策解读	国家湿地保护有关法律法规及政策解读	35	42	1	44.87	53.85	1.28
2		《湿地保护法》内容解读	41	36	1	52.57	46.15	1.28
3		《湿地公约》履约、保护地管理等国际理念宣讲	20	56	2	25.64	71.80	2.56
4	规划管理	湿地类型保护地管理计划编制	17	59	2	21.80	75.64	2.56
5		湿地保护地巡护、执法程序与技巧	23	52	3	29.49	66.67	3.84
6		湿地保护地融资与项目周期管理	8	68	2	10.26	87.18	2.56
7		湿地保护地数据库与信息系统维护	14	60	4	17.95	76.92	5.13
8	保护恢复	湿地生物多样性保护的基础知识	16	60	2	20.51	76.92	2.57
9		迁徙候鸟保护与栖息地的基础知识	5	69	4	6.41	88.46	5.13
10		水鸟栖息地修复与重建技术	11	66	1	14.10	84.62	1.28
11		互花米草等外来入侵物种的治理方法	7	65	6	8.98	83.33	7.69
12	科研监测	湿地生态系统服务与价值评估	15	63	0	19.23	80.77	0.00
13		水鸟（及野生动植物）野外识别与调查技术	7	68	3	8.97	87.18	3.85
14		无人机等新技术在湿地监测与保护中的应用	3	73	2	3.85	93.59	2.56
15		鸟类环志技术培训与候鸟迁徙研究	2	73	3	2.56	93.59	3.85
16		湿地监测技术方法与湿地生态系统快速评估方法	4	74	0	5.13	94.87	0.00

（续）

序号	类别	培训内容	急需（人）	需要（人）	不需要（人）	急需占比（%）	需要占比（%）	不需要占比（%）
17	科普宣教	包含人员、设施、媒体的保护区宣教系统建设完善	2	75	1	2.57	96.15	1.28
18		面向社会公众的湿地保护宣传	0	77	1	0.00	98.72	1.28
19		面向保护地周边中小学生的自然教育	2	73	3	2.56	93.59	3.85
20		基于湿地保护区的自然教育、自然体验、研学等项目设计和运营	3	74	1	3.85	94.87	1.28
21		鸟类救护与野生动物保护公众教育	3	73	2	3.85	93.59	2.56
22	社区发展	湿地保护地社区参与和社区共管	1	75	2	1.28	96.15	2.57
23		湿地保护地生态旅游管理	3	73	2	3.85	93.59	2.56
24		湿地可持续利用与替代生计	6	71	1	7.69	91.03	1.28
25		促进女性，尤其是女性村民参与保护并从中受益的方法、思路、好案例等	2	72	4	2.56	92.31	5.13
26	实践运用	国内外滨海湿地保护管理的最佳实践案例	5	71	2	6.41	91.03	2.56
27		国内湿地和迁徙水鸟保护相关案例经验分享	2	76	0	2.56	97.44	0.00
28		培训所在地实地考察和现场教学	7	71	0	8.97	91.03	0.00
29		观鸟、野生动物救助、生物多样性调查等现场实践	2	74	2	2.56	94.87	2.57
30		分组讨论、设计、分享等实务内容练习	1	75	2	1.28	96.15	2.57

① 完整调查数据表将以独立文件形式提交给项目办。

附录3 项目示范点培训需求调查问卷

一、单位及受访人基本信息

1	被调研单位	□ 辽河口国家级自然保护区 □ 黄河三角洲国家级自然保护区 □ 上海崇明东滩国家级自然保护区 □ 云南大山包黑颈鹤国家级自然保护区 □ 其他（请注明）________________
2	保护区范围内是否包含其他类型自然保护地	□ 没有 □ 国家公园 □ 自然保护区 □ 自然公园 □ ________
3	性别	□ 男 □ 女
4	年龄	□ 30岁及以下 □ 31～40岁 □ 41～50岁 □ 51岁及以上
5	学历	□ 高中及以下 □ 大专 □ 本科 □ 硕士研究生 □ 博士研究生
6	岗位性质	□ 管理岗位（填写第7项） □ 技术岗位（填写第8项） □ 普通岗位（填写第9项）
7	管理岗位	□ 保护区主要领导 □ 中层干部与部门负责人 □ 法规、政策、规划 □ 计划与财务 □ 资源保护与管理 □ 野生动物保护与保护区管理 □ 人事与行政 □ 科研监测 □ 宣传教育 □ 管护站管理 □ 社区发展 □ 其他人员（请注明）________
8	技术岗位	□ 科研监测 □ 执法巡护 □ 宣传教育 □ 社区发展 □ 生态旅游管理 □ 其他人员（请注明）________
9	普通岗位	□ 办公室内勤 □ 财务人员 □ 基层管理人员（科员） □ 生态公益岗位 □ 其他人员（请注明）________
10	从事该岗位时间	□ 3年以下 □ 3～5年 □ 6～10年 □ 10年以上

二、培训需求调查

11	是否参加过湿地相关的专业培训（多选）	□ 参加过国家林业和草原局或相关部门组织的全国性专业培训 □ 参加过省级林业或相关主管部门组织的省级专业培训 □ 参加过由国际组织或国内机构组织的相关专业培训 □ 参加过保护区（包括兄弟保护区）组织的相关培训 □ 从未参加过任何湿地相关的专业培训
12	年均参加培训的总次数	□ 4次及以上 □ 2～3次 □ 最多一年1次 □ 从未参加过
13	您参加过的培训包含以下哪些方面的内容（多选）	□ 湿地保护和管理的政策解读 □ 湿地和生物多样性保护的相关科学知识 □ 湿地规划和管理的理论、方法和案例 □ 湿地保护和恢复的理论、方法和案例 □ 开展湿地和水鸟科研监测的方法和案例 □ 湿地的合理利用 □ 湿地科普宣教和保护区自然教育 □ 案例分享和现场考察 □ 分组讨论和实践
14	您认为您目前接受的专业培训情况是	□ 选题合理，内容丰富，形式多样，充分满足需求 □ 培训内容偏重理论，能直接运用于工作实践的内容较少 □ 理论和实践应用部分内容较均衡，但内容不够与时俱进 □ 偏重具体工作实践运用，理论和政策部分内容相对较弱 □ 其他（请注明）________
15	您认为理想的培训时长	□ 1～3天 □ 4天至1周 □ 10天左右 □ 一个月或长期线上学习 □ 其他（请注明）________
16	您认为比较有效的培训方式（多选）	□ 邀请专家讲课 □ 制作多媒体讲义 □ 野外实践传授技术 □ 室内授课与野外实习相结合 □ 网络在线学习 □ 实地参观学习 □ 学位学习 □ 其他（请注明）________
17	您认为单场培训的理想参与学员数量	□ <10人 □ 10～19人 □ 20～29人 □ ≥30人
18	期望的参训回报（多选）	□ 授予培训结业证 □ 授予专业技能水平证明 □ 纳入年度工作考核等绩效量化指标 □ 纳入职称评定等晋升量化指标 □ 优秀学员给予深造学习的机会 □ 其他（请注明）________

19. 基于UNDP-GEF迁飞保护网络项目的目标和内容，您最希望通过项目支持开展的培训需求是（请根据您认为的需求程度高低在对应选项下画"√"，其中"急需"最多不超过5个）：

序号	类别	培训专题和内容	急需	需要	不需要
1	政策解读	国家湿地保护有关法律法规及政策解读			
2		《湿地法》内容解读			
3		《湿地公约》履约、保护地管理等国际理念宣讲			
4	规划管理	湿地类型保护地管理计划编制			
5		湿地保护地巡护、执法程序与技巧			
6		湿地保护地融资与项目周期管理			
7		湿地保护地数据库与信息系统维护			
8	保护恢复	湿地生物多样性保护的基础知识			
9		迁徙候鸟保护与栖息地的基础知识			
10		水鸟栖息地修复与重建技术			
11		互花米草等外来入侵物种的治理方法			
12	科研监测	湿地生态系统服务与价值评估			
13		水鸟（及野生动植物）野外识别与调查技术			
14		无人机等新技术在湿地监测与保护中的应用			
15		鸟类环志技术培训与候鸟迁徙研究			
16		湿地监测技术方法与湿地生态系统快速评估方法			
17	科普宣教	包含人员、设施、媒体的保护区宣教系统建设完善			
18		面向社会公众的湿地保护宣传			
19		面向保护地周边中小学生的自然教育			
20		基于湿地保护区的自然教育、自然体验、研学等项目设计和运营			
21		鸟类救护与野生动物保护公众教育			

（续）

序号	类别	培训专题和内容	急需	需要	不需要
22	社区发展	湿地保护地社区参与和社区共管			
23		湿地保护地生态旅游管理			
24		湿地可持续利用与替代生计			
25		促进女性，尤其是女性村民参与保护并从中受益的方法、思路、好案例等			
26	实践运用	国内外滨海湿地保护管理的最佳实践案例			
27		国内湿地和迁徙水鸟保护相关案例经验分享			
28		培训所在地实地考察和现场教学			
29		观鸟、野生动物救助、生物多样性调查等现场实践			
30		分组讨论、设计、分享等实务内容练习			

20. 其他培训需求或建议，请具体说明。

附录4　项目示范点培训需求调查数据表（部分）[①]

序号	类别	培训内容	急需（人）	需要（人）	不需要（人）	急需占比（%）	需要占比（%）	不需要占比（%）
1	政策解读	国家湿地保护有关法律法规及政策解读	23	58	3	27.38	69.05	3.57
2		《湿地法》内容解读	21	60	3	25.00	71.43	3.57
3		《湿地公约》履约、保护地管理等国际理念宣讲	13	70	1	15.48	83.33	1.19
4	规划管理	湿地类型保护地管理计划编制	18	65	1	21.43	77.38	1.19
5		湿地保护地巡护、执法程序与技巧	21	60	3	25.00	71.43	3.57
6		湿地保护地融资与项目周期管理	2	72	10	2.38	85.72	11.90
7		湿地保护地数据库与信息系统维护	11	68	5	13.10	80.95	5.95
8	保护恢复	湿地生物多样性保护的基础知识	9	75	0	10.71	89.29	0.00
9		迁徙候鸟保护与栖息地的基础知识	10	73	1	11.90	86.91	1.19
10		水鸟栖息地修复与重建技术	11	73	0	13.10	86.90	0.00
11		互花米草等外来入侵物种的治理方法	3	72	9	3.57	85.72	10.71
12	科研监测	湿地生态系统服务与价值评估	8	73	3	9.52	86.91	3.57
13		水鸟（及野生动植物）野外识别与调查技术	14	66	4	16.67	78.57	4.76
14		无人机等新技术在湿地监测与保护中的应用	10	70	4	11.91	83.33	4.76
15		鸟类环志技术培训与候鸟迁徙研究	5	77	2	5.95	91.67	2.38
16		湿地监测技术方法与湿地生态系统快速评估方法	2	80	2	2.38	95.24	2.38

（续）

序号	类别	培训内容	急需（人）	需要（人）	不需要（人）	急需占比（%）	需要占比（%）	不需要占比（%）
17	科普宣教	包含人员、设施、媒体的保护区宣教系统建设完善	2	82	0	2.38	97.62	0.00
18		面向社会公众的湿地保护宣传	4	76	4	4.76	90.48	4.76
19		面向保护地周边中小学生的自然教育	2	80	2	2.38	95.24	2.38
20		基于湿地保护区的自然教育、自然体验、研学等项目设计和运营	4	78	2	4.76	92.86	2.38
21		鸟类救护与野生动物保护公众教育	2	81	1	2.38	96.43	1.19
22	社区发展	湿地保护地社区参与和社区共管	1	82	1	1.19	97.62	1.19
23		湿地保护地生态旅游管理	1	79	4	1.19	94.05	4.76
24		湿地可持续利用与替代生计	2	77	5	2.38	91.67	5.95
25		促进女性，尤其是女性村民参与保护并从中受益的方法、思路、好案例等	2	72	10	2.38	85.71	11.91
26	实践运用	国内外滨海湿地保护管理的最佳实践案例	4	75	5	4.76	89.29	5.95
27		国内湿地和迁徙水鸟保护相关案例经验分享	2	80	2	2.38	95.24	2.38
28		培训所在地实地考察和现场教学	2	81	1	2.38	96.43	1.19
29		观鸟、野生动物救助、生物多样性调查等现场实践	0	83	1	0.00	98.81	1.19
30		分组讨论、设计、分享等实务内容练习	1	81	2	1.19	96.43	2.38

① 完整调查数据表将以独立文件形式提交给项目办。

附录5 培训需求调研问卷（示例）

"国家湿地公园管理人员培训"调查问卷

为配合国家《湿地法》的贯彻、落实，提升国家湿地公园的自我管理能力，开展此次国家湿地公园管理人员培训需求的调查。请各国家湿地公园积极配合、踊跃参加、献计献策，共同努力完成好这次调查任务。感谢您的支持！

此问卷由××××设计完成。

一、湿地公园基本情况

1.湿地公园及管理机构名称：________________________。

2.机构负责人姓名及联系方式：______________________。

3.工作人员情况

（1）在编人员：________人，非在编人员：________人。

（2）管理机构内设部门名称及工作人数：公园管理________人；科研监测________人；科普宣教________人；行政________人；其他（请注明）________人。

（3）人员学历：博士研究生_________人；硕士研究生_________人；本科_________人；专科________人。

（4）人员职称：高级职称________人；中级职称________人；初级职称________人。

4.您所在的湿地公园属于以下哪种类型？（　　）

A.已经通过试点验收或晋升制的国家湿地公园

B.试点单位，尚未通过试点验收

C.正在准备申报的湿地公园

D.我是湿地公园合作机构工作人员，我的机构类型是________（请填写）

5.您认为国家湿地公园最需要开展培训的内容是：（　　）

A.相关政策解读和行业趋势介绍

B.湿地生态系统保护和恢复

C.湿地科研监测和成果运用

D.湿地科普宣教和自然教育

E.国家湿地公园案例介绍（结合现场教学）

6.您期望的培训时间和形式是：（　　）

A. 1～3天　　B. 4天至1周，理论授课为主

C. 10天左右，理论授课为主，现场教学和分组讨论、实践为补充

D. 1周或更长，方法运用和实操为主，训练营形式　一个月或长期线上学习

二、湿地公园的保护与恢复情况

7.湿地公园保护与恢复总体规划编制时间和完成时间：__________________。

8.目前保护与恢复工作的主要问题和困难：__________________。

9.目前开展的保护与恢复工作主要针对哪些问题：__________________。

10.下一步保护与恢复工作的计划：__________________。

三、湿地公园的科研监测工作情况

11.科研监测工作情况

监测站：有□　无□　野外监测点：有□　无□

年度或周期性监测计划：有□　无□　公园资源本底调查：有□　无□

最近一次的本底调查完成时间：____________。

12.围绕所在湿地公园已发表的科研论文共有_____篇，研究性专著_____本。

13.联合科研院校（所）或专业机构开展科研监测工作情况：________________________________。

14.目前科研监测工作面临的主要问题和困难：________________________________。

四、湿地公园的科普宣教工作情况

15.宣教工作情况

讲解团队：有□　无□　户外标识标牌：有□　无□　宣教馆：有□　无□　户外宣教点：有□　无□　公园网站、微信或微博公众号：有□　无□

科普宣教活动（截至 × 年 × 月 × 日）：湿地公园年均接待访客__人次；在公园或周边社区开展科普宣教活动年均参与人员__人次。

16.您认为国家湿地公园宣教工作目前最急需培训的内容是：（　　）

A.人员宣教能力提升和丰富

B.户外宣教设施（标识标牌系统等）

C.主题宣教场馆设计和运营

D.面向公众的自然教育活动策划、推广和运营

E.基于传统媒体和新媒体的线上宣传教育

17.您认为湿地公园宣教团队能力建设面临的主要问题是：（　　）

A.团队人员不足，专业知识和讲解能力有限

B.解说人员现场经验不足，缺乏解说技巧和带队能力

C.解说内容偏专业、枯燥，缺乏针对性和灵活性

D.偏重个人能力发展，没有专业系统的解说方案支撑

18.您认为湿地公园宣教设施建设和管理面临的主要问题是：（　　）

A.缺乏相关室内外宣教设施，难以营造湿地公园的整体氛围

B.户外标识标牌不足或内容枯燥，难以吸引游客

C.缺乏主题场馆或场馆内容设计较为专业、枯燥，难以吸引游客

D.现有宣教设施维护管理工作量大，对公园运营支撑度不够

19.您认为湿地公园宣教活动设计和运营面临的现状和问题是：（　　）

A.公园以日常运营为主，面向游客的活动设计和组织有限

B.面向游客的活动主要由旅游服务机构设计和运营，公园介入较少

C.公园希望设计和运营自然教育活动，但缺乏相关人才和经验

D.公园已经在组织面向公众的相关自然教育活动，亟须能力提升

20.您认为湿地公园依托媒体开展宣教工作的现状和问题是：（　　）

A.公园主要通过电视、报纸、官方网站、公众号等形式开展媒体传播

B.公园没有自己的网站/微信账号/微博账号，对设立目标和作用不清晰

C.公园已有自己的网站/微信账号/微博账号，内容以官方信息为主

D.公园已经在尝试依托媒体平台，发布信息，招募参与，开展互动

E.通过媒体平台（包括电视、网站、公园自媒体）开展传播是公园目前最重要的宣传推广渠道

五、请为开展国家湿地公园管理人员培训提出您的宝贵建议

21. 您认为组织湿地公园培训还应该解决哪些问题？(　　)

A. 各项工作在整体公园管理工作中的地位和作用不清晰

B. 保护恢复、科研监测、科普宣教三大领域工作如何相互支撑

C. 湿地公园的基本工作如何对公园运营起到积极的支撑作用

D. 其他（请填写）________________

22. 您还希望通过培训学习，提高哪方面的能力？

23. 您对培训的组织和开展还有哪些建议？

本次调查问卷请各湿地公园自行下载，填写完成后请于 × 年 × 月 × 日 ××：×× 前将电子版发至邮箱：××××××××。

再次感谢您的大力支持！

附录6 培训日程表（以自然教育主题培训为示例）

时间	活动	备注
第一天 学员报到、入住		
15:00～18:00	学员签到并分组	
18:30	晚餐	
第二天 自然教育的基本原理和方法		
8:30～9:00	培训开幕式，主办方领导致辞。介绍本次培训会背景、主题内容和日程安排	
9:00～9:30	破冰与热身：分组交流与讨论，包括： 1.我是谁，我来自哪里，我的主要工作是什么； 2.我对此次培训的预期，或对自然教育的理解（目的是为了了解学员预期，在后续培训中对相关内容有所侧重；培训结束总结时请大家回顾反馈）； 3.推选小组代表，分组汇报（组员情况，大家对培训的期待）	需要材料： 1.一张大海报纸； 2.各种颜色即时贴 注意： 所有人的培训预期贴在海报纸上，供培训结束时回顾
9:30～10:00	专题1 自然教育综述：来源、内涵、原则、主要内容和基本方法 核心内容：基于保护目标，找到自然教育的主题和关键资源	
10:00～10:10	茶歇	茶歇可以和分组练习合并开展
10:10～11:00	分组练习与汇报1：对于主题的理解和设计 1.每个人分享自己的自然名，小组讨论起一个队名，尽可能把所有组员自然名串联起来； 2.设计小组的队旗，设计中体现队名及各个队员的相关元素； 3.分组汇报和介绍；推选最有创意设计	需要材料： 1.每组一张大海报纸； 2.彩笔每组一盒； 3.最佳创意组奖品
11:00～11:30	专题2 环境解说概述：“5W+1H”：解说主题（WHY）、解说对象（WHO）、解说内容（WHAT）、解说地点（WHERE）、解说时机（WHEN）、解说方法（HOW）	
11:30～12:00	分组练习与汇报2：解说设计与练习 1.小组选定解说服务对象，解说目标，活动情境； 2.讨论对象特点、兴趣、预期，设计解说内容； 3.推选代表展示现场解说；点评及推选最佳	
12:00～14:00	午餐及休息	

（续）

时间	活动	备注
14:00～14:10	上午回顾（问答形式）与下午内容简介	
14:10～14:50	小组汇报：根据上午的抽签任务现场演示一场解说，专家点评并总结一些基本的带队技巧、提问技巧、解说技巧、提问技巧等	
14:50～15:00	茶歇	
15:00～18:00	专题3　解说方法和案例：植物篇 专题4　解说方法和案例：动物篇	请熟悉当地的专家介绍
18:30	晚餐	
19:00以后	小组自由交流和讨论	
第三天　自然教育的内容设计		
8:30～8:40	第一天回顾	有奖问答，需准备奖品
8:40～10:00	专题5　自然教育设施：户外标识标牌和室内展陈 标识标牌的分类、内容设计原则等室内展陈的主要形式、类型、设计要点和案例	
10:00～10:10	茶歇	
10:10～11:10	分组练习与汇报3：教育设施内容设计练习 1.为你的保护地设计一块解说标牌/展陈作品； 2.图文并茂，既有严谨的科学介绍也能通俗易懂，具备趣味性； 3.分组汇报，推选最佳	注意：讨论的问题是技巧性的，不是知识性的
11:10～12:00	专题6 辽河口国家级自然保护区自然教育设施设计案例分享	尽可能与培训地点现场参访和教学内容相结合
12:00～13:30	午餐	
13:30～14:30	专题7　自然教育的活动方案设计：活动的主题、目标人群、形式和场地、教育方法、内容流程等	
14:30～16:15	分组练习与汇报4：自然教育活动方案设计练习 1.每组讨论一个活动选题、明确目标人群等要素； 2.设计整个活动的流程； 3.推选代表介绍整个活动方案，点评及推选最佳	
16:15～16:30	茶歇	

（续）

时间	活动	备注
16:30～17:15	培训回顾与总结： 1. 回顾整个培训的过程； 2. 复盘大家的培训预期； 3. 请学员分享培训感受（印象最深、收获最大、仍留有的遗憾）； 4. 收集下一步的培训或项目开展建议； 5. 综合4轮小组练习评分结果，评选优胜小组	如需要，可在此环节开展满意度调查，并在线评选优秀个人
17:00～17:15	1. 主办方总结致辞； 2. 为优秀小组或/和个人颁发奖品； 3. 颁发培训证书（如有）或布置后续任务； 4. 全体合影，培训结束	可根据需要在此环节中或之后设计现场考察等内容

附录7 培训指南编写大纲

培训指南的编写设计，一般应包括以下主要内容。

章节	主要包含内容
必须包含内容	
封面	培训所属的项目、培训名称、培训主办和承办机构、培训时间等
目录	指南的主要内容索引
前言	培训的背景、目标、相关部门的规定、要求等重要说明
培训须知	培训的行政安排和管理要求，包括但不限于：培训期间的住宿、用餐、交通、考勤、安全等要求，以及培训的负责人、联系人信息
培训日程	具体的培训日程安排，包括时间、地点、培训课程的题目、主讲老师、形式和主要内容等
人员名单	包括姓名、单位、职务、性别、民族等信息
温馨提示	培训地点往返临近主要交通枢纽的交通信息、培训期间的天气预报、培训的收费、开票、返程交通订票等服务信息
可选内容	
相关介绍	培训主办机构、支持项目或机构的基本情况介绍
课程简介	每个培训课程的主题和主要内容
专家简介	所有授课专家的个人简介
现场教学	参观、调研等现场教学活动的具体路线、交通、现场活动安排等介绍
培训作业	有培训作业或课后任务的题目、具体要求和答题页
培训笔记	空白的笔记页，方便学员记录培训内容
交流平台	培训主办方的联系方式、微信公号等咨询平台、培训期间的学员群等有助于加强培训期间交流学习的信息

附录8 培训满意度评价问卷（示例）

您好，请在课程结束后及时完成本次问卷调查，以帮助我们更好地改进培训课程质量。

本次调查均为匿名，不会泄露您的任何个人信息，请放心如实填写。

谢谢！

---

*1.1 本次培训在多大程度上达到了您的期望？（①代表“完全没达到”，⑤代表“完全达到了”。）

完全没达到　　　　　　　　　　　　完全达到了

① ② ③ ④ ⑤

*1.2 您在多大程度上会将本培训推荐给其他人？（①代表“完全不推荐”，⑤代表“肯定会推荐”。）

完全不推荐　　　　　　　　　　　　肯定会推荐

① ② ③ ④ ⑤

*2. 在上课方式、上课时间、上课内容、授课老师等安排上，您对课程有何意见和建议？

*3. 您参加本次培训班的主要收获是什么？

*4.1 在所有培训课程或环节中，您最喜欢或者最能达到您预期效果的是哪一个？

*4.2 在所有培训课程或环节中，您认为可以减少或者增加的内容或环节有哪些？

*5.1 您认为本次培训在组织管理上还需要哪些方面的改进？如组织形式、时间安排等。

*5.2 您认为本次培训收费合理吗？对该收费标准有何建议？

6. 其他意见或建议。

附录9 推荐阅读的法律条例

1. 全国人民代表大会常务委员会.中华人民共和国湿地保护法[Z]. 2021-12-24.
2. 黑龙江省人民代表大会常务委员会.黑龙江省湿地保护条例[Z]. 2018-06-28.
3. 甘肃省人民代表大会常务委员会.甘肃省湿地保护条例[Z]. 2013-11-29.
4. 湖南省人民代表大会常务委员会.湖南省湿地保护条例[Z]. 2021-03-31.
5. 广东省人民代表大会常务委员会.广东省湿地保护条例[Z]. 2022-11-30.
6. 陕西省人民代表大会常务委员会.陕西省湿地保护条例[Z]. 2023-03-28.
7. 辽宁省人民代表大会常务委员会.辽宁省湿地保护条例[Z]. 2011-11-24.
8. 内蒙古自治区人民代表大会常务委员会.内蒙古湿地保护条例[Z]. 2018-12-06.
9. 宁夏回族自治区人民代表大会常务委员会.宁夏湿地保护条例[Z]. 2018-11-29.
10. 四川省人民代表大会常务委员会.四川省湿地保护条例[Z]. 2010-07-24.
11. 吉林省人民代表大会常务委员会.吉林省湿地保护条例[Z]. 2017-09-29.
12. 西藏自治区人民代表大会常务委员会.西藏自治区湿地保护条例[Z]. 2010-11-26.
13. 江西省人民代表大会常务委员会.江西省湿地保护条例[Z]. 2012-03-29.
14. 浙江省人民代表大会常务委员会.浙江省湿地管理条例[Z]. 2012-05-30.
15. 新疆维吾尔自治区人民代表大会常务委员会.新疆维吾尔自治区湿地保护条例[Z]. 2020-09-19.
16. 北京市人民代表大会常务委员会.北京市湿地保护条例[Z]. 2019-07-26.
17. 山东省人民政府.山东省湿地保护办法[Z]. 2012-12-26.
18. 青海省人民代表大会常务委员会.青海省湿地保护条例[Z]. 2020-07-22.
19. 云南省人民代表大会常务委员会.云南省湿地保护条例[Z]. 2013-09-25.
20. 广西壮族自治区人民代表大会常务委员会.广西壮族自治区湿地保护条例[Z]. 2014-11-28.
21. 河南省人民代表大会常务委员会.河南省湿地保护条例[Z]. 2015-07-30.
22. 安徽省人民代表大会常务委员会.安徽省湿地保护条例[Z]. 2018-03-30.
23. 贵州省人民代表大会常务委员会.贵州省湿地保护条例[Z].2023-11-29.
24. 天津市人民代表大会常务委员会.天津市湿地保护条例[Z]. 2023-11-29.
25. 河北省人民代表大会常务委员会.河北省湿地管理条例[Z]. 2016-09-22.
26. 江苏省人民代表大会常务委员会.江苏省湿地保护条例[Z]. 2024-01-12.
27. 福建省人民代表大会常务委员会.福建省湿地保护条例[Z]. 2022-11-24.
28. 海南省人民代表大会常务委员会.海南省湿地保护条例[Z]. 2023-11-24.
29. 重庆市人民代表大会常务委员会.重庆市湿地保护条例[Z]. 2019-09-26.
30. 山西省人民代表大会常务委员会.山西省湿地保护条例[Z]. 2023-04-01.

附录10　缩略语检索表

缩写	英文全称	中文全称
AWSG	Australasian Wader Studies Group	澳大利西亚涉禽研究组
BI	Birdlife International	国际鸟盟
CEPA	Communication, Education, Participation, Awareness	宣传、教育、参与、意识
EAAF	East Asian–Australasian Flyway	东亚–澳大利西亚迁飞路线
EoH	Enhancing our Heritage Toolkit 2.0	提升我们的遗产工具包2.0
GEF	Global Environment Facility	全球环境基金
ICCROM	International Centre for the Study of the Preservation and Restoration of Cultural Property	国际文化财产保护与修复研究中心
ICOMOS	International Council on Monuments and Sites	国际古迹遗址理事会
IUCN	International Union for Conservation of Nature	世界自然保护联盟
KSA	Knowledge–Skills–Attitude	知识–技能–态度
METT	Management Effectiveness Tracking Tool	管理有效性评估工具
R–METT	Ramsar Site Management Effectiveness Tracking Tool	国际重要湿地管理有效性评估工具
UNDP	The United Nations Development Programme	联合国开发计划署
UNEP	United Nations Environment Programme	联合国环境署
UNESCO	United Nations Educational, Scientific and Cultural Organization	联合国教科文组织
WCPA	World Commission on Protected Areas	世界自然保护地委员
WI	Wetland International	湿地国际
WWF	World Wide Fund for Nature	世界自然基金会

附录11　参考标准

GB/T 43624-2023, 湿地术语[S].
GB/T 24708-2009, 湿地分类[S].
GB/T 26535-2011, 国家重要湿地确定指标[S].
GB/T 27647-2011, 湿地生态风险评估技术规范[S].
GB/T 27648-2011, 重要湿地监测指标体系[S].
LY/T 1754-2008, 国家湿地公园评估标准[S].
LY/T 1755-2008, 国家湿地公园建设规范[S].
LY/T 2021-2012, 基于TM遥感影像的湿地资源监测方法[S].
LY/T 2090-2013, 湿地生态系统定位观测指标体系[S].
LY/T 2181-2013, 湿地信息分类与代码[S].
LY/T 2794-2017, 红树林湿地健康评价技术规程[S].
LY/T 2898-2017, 湿地生态系统定位观测技术规范[S].
LY/T 2899-2017, 湿地生态系统服务评估规范[S].
LY/T 2900-2017, 湿地生态系统定位观测研究站建设规程[S].
LY/T 2901-2017, 湖泊湿地生态系统定位观测技术规范[S].
T/CSF 019-2021, 湿地类自然教育基地建设导则[S].